全球控制和根除
小反刍兽疫策略

（下 册）

联合国粮食及农业组织
世界动物卫生组织　编著

徐天刚　刘陆世　译

中国农业出版社

北　京

目 录

第四部分 ■■■
附　件

附件1 小反刍兽疫对社会经济的影响

Jonathan Rushton, Tabitha Kimani, Nick Lyons, Joao Afonso,
Alana Boulton, NdamaDiallo, Joseph Domenech

1 背景

畜牧业产值约占全球农业生产总值的40%（世界银行，2012）。由于城市化组合、收入的增加以及人口增长，人们对牲畜产品的需求不断增加，牲畜占农业产值的比例将会继续增加。根据这些趋势估算，肉类消费将以每年5%的速度增长，预计奶及奶制品的消费增速为3.5%～4.0%。如此快速的增长为牲畜养殖户以及在牲畜食品系统中生活及工作的人们带来了机遇。这些人群大多数是世界上最贫穷的人口（有10亿人平均每天生活费不足2美元）并且大多数居住在非洲及亚洲（图4-1-1）。

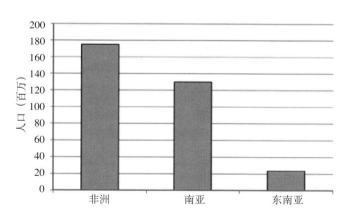

图4-1-1 非洲和亚洲地区贫困牲畜饲养者的分布
[国际家畜研究所（ILRI）向英国国际发展部（DFID）的汇报，2012年]

随着牲畜业的地位逐渐提高，以畜牧业为生的贫困人群更有可能获益。然而，由于获取技术的权限阻碍了实现正面收益的某些基本方面。其中最重要的就是与控制传染病相关的技术，传染病不仅为动物畜主带来损失，也会为生产或消费同伴们带来损失。此附件将进一步探讨小反刍兽疫（PPR）带来的损失，PPR 是一种绵羊和山羊病毒性传染病，该病具有先进的疫苗和诊断技术，可用于控制及根除这种疫病。全世界面临的挑战是如何创建兽医机构，为成千上百万贫穷生产者高效且持续提供技术，以实现畜牧业生产力的收益，从而提高农村收入和改善消费者获取肉类及奶类的便利性。

2　绵羊和山羊对人类的重要性

2.1　全球层面

绵羊和山羊物种对世界大部分较贫穷家庭而言具有重要的意义——它们影响许多贫穷人口的生计和生活的幸福指数［国际家畜研究所（ILRI）给英国国际发展部（DFID）提交的报告，2012］。绵羊和山羊属于小反刍动物，已纳入农牧系统，对非洲和亚洲牧区和农牧系统至关重要。山羊大多生活在半干旱区，由于其能够适应包括干旱在内的恶劣气候条件以及繁殖周期短，因此是战胜干旱环境的重要物种。

在此类环境中，小反刍动物提供肉类及奶类成为主要食物，并因其体积较小而便于销售和交换。绵羊和山羊主要集中分布在非洲、亚洲和中东贫困地区，表明贫穷与小反刍动物之间存在紧密的联系。

2.2 地区层面

全球数据表明小反刍动物在全球大部分地区具有重要意义，但是这仅是部分现象。表4-1-1中呈现的是非洲牧区数据，数据明确显示非洲牧区家庭生计与其拥有的家畜的健康和生产力联系紧密。没有这些动物，他们将难以在恶劣的环境中生存。

表4-1-1　肯尼亚东北部（2007年HEA数据）和索马里（2010年实地调查）牧区家庭养殖的小反刍动物

地区及项目		财富等级*			
		非常贫穷	贫穷	中等	比较富裕
肯尼亚东北部	小反刍动物（只）	5～8	18	32～42	48～75
	牛（头）	0～2	0～6	3～20	5～35
	骆驼（头）	0	0～5	5～19	15～39
估计家庭总收入（美元）		371～389	448～558	774～979	1 263～2 042
牲畜收入（美元）		48～121	193～265	774～807	1 263～2 042
索马里	小反刍动物（只）	0～15	60	96～110	170～200
	牛（头）	0	0	0	0
	骆驼（头）	0	2～3	10～11	20～23

*这些是研究机构的评级，不代表该国家各机构相对的整体财富，所以研究中涉及的大多数人都是贫穷人口。

尼泊尔三个不同农业生态区及具有不同社会经济状况家庭的数据表明农村人口将绵羊和山羊已经完全融入他们的农业系统，这也是农村人口生计策略的关键构成要素（表4-1-2）。

静态来看，小反刍动物代表着家庭的重要活动，在帮助农村人口改善生计方面具有重要作用。这一点可以从一户尼泊尔家庭案例中得到明确的诠释，通过饲养山羊，其生活水平从贫穷上升到中等水平。这一目标的实现也是诸多方面的结合：如更好地获取动物保健、饲料种植以及市场准入（图4-1-3）。

这两个例证来自不同的环境，一个是非洲，另一个是亚洲，均表明小反刍动物的重要性。

表4-1-2　各区家庭社会经济差异

区域	贫穷	中等	富裕
山区	无地或拥有贫瘠的小地块 依靠家务劳动销售 没有或家畜较少（通常为禽类以及或许有山羊）	拥有贫瘠的土地 拥有山羊、公牛 有时拥有奶牛 有些人具有技能或政府部门工作 有些做生意	拥有土地 拥有奶畜 拥有技能及政府部门的工作 拥有并运营企业及店铺
平原	无地或拥有贫瘠的小地块 依靠人力及动物劳动销售 没有或家畜较少（通常为当地山羊及奶牛）	拥有中等规模的农场 拥有小数量的改良奶牛或水牛、山羊及家禽 一些服务机构及企业/店铺	拥有大规模农场（灌溉型及雨养型） 拥有改良奶牛小农商业乳品场 有些人拥有改良水牛及商业家禽养殖场 拥有山羊（普通的），个别家庭拥有自己的绵羊及猪 有些提供服务并拥有自己的企业/店铺
高山区	无地或拥有贫瘠的小地块 依靠家务劳动销售 没有或家畜较少（通常为当地牛）	拥有中等规模的灌溉地 拥有中等规模的山羊 拥有其他动物（例如：骡子、马和本地牛等） 拥有自己的企业/旅馆及店铺 海外就业	拥有大块灌溉地 拥有大批山羊 拥有其他动物，如骡子、马和本地牛等 拥有自己的企业/旅馆/饭店及店铺 海外就业

表4-1-3　尼泊尔奇旺一户家庭通过饲养山羊从贫穷走向中等收入家庭的时间轴

年份	1990	1990（途径增加）	1998	1999	2000	2001（市场准入增加）	2003
				（技术改进）			
主要事件	每家有2~3只山羊	路端建设	禁止森林放牧	定期进行山羊蠕虫治疗	牲畜服务机构介绍的不同牧草和饲料树木	交易员来村庄以较高的价格购买山羊	每家有7~8只山羊
							山羊销售价格较好
							养殖山羊被看作有利
							钱可用来支付家庭开支
状态	从贫穷到中等					从贫穷到中等过渡	中等

2.3 肉类消费

　　满足动物源食品日益增长的需求将对全球食品系统、环境、家畜生产可持续性增长、食物链及分销带来巨大的压力。在全球这一环境下，为应对有效扶贫投资面临的主要挑战以及高效战胜饥饿，联合国粮食及农业组织已经开展了诸多研究，调研了2000—2030年人口增长导致的未来动物生产需求。就拿羊肉需求来讲，压力主要在撒哈拉沙漠以南的非洲和南亚（Robinson 和 Pozzi，2011）。这两个地区羊肉需求的大幅增长前景要求小反刍动物生产力要有重要且大幅的改进，尤其是在对主要小反刍动物疫病的控制方面。在严重危害健康的重大疫病中，小反刍兽疫是绵羊和山羊的最重要疫病，无疑也是小反刍兽疫流行区小反刍动物集中养殖的主要限制因素。

3 小反刍兽疫的社会经济影响

3.1 全球层面

小反刍兽疫对扶贫、食品安全、人类福祉和社会经济发展相关动物健康问题都有重要影响。小反刍兽疫的经济影响如下：

>生产损失：死亡率和发病率。

>控制成本：免疫；诊断和监测；卫生禁令的实施。

>交易对生产者、价值链涉及人口及消费者产生的影响。

利用表4-1-4中的参数可以快速计算出全球层面小反刍兽疫造成的影响。

表4-1-4　用于估计小反刍兽疫全球影响的疫病及免疫参数

阶段	流行率（%）	免疫疫苗（%）
0	5.0	0.0
1	5.0	0.0
2	2.5	20.0
3	1.0	40.0
4	0.0	0.0

假设受感染动物中有2/3死亡，每只死亡动物的损失为35美元，而每只康复动物的成本为3.5美元。此外，免疫疫苗的成本假定为每头份0.80美元。这包括每头份的生产成本以及所涉及的人员时间投入，涉及的人员包括畜主、兽医和动物卫生工作者。需要指出的是疫苗的可用性并不是总能满足。

鉴于可用信息的变化性，对疫苗免疫覆盖率进行了敏感性分析，将第二阶段和第三阶段的免疫范围分别提升至40%和60%。死亡动物的价值也随之提高到了每头50美元，而康复成本也提升到5美元。

由于免疫范围较窄并且死亡动物的成本及患病康复的成本也比较低，估计每年造成影响总计为14亿美元。这一估值大多基于假定动物已经发生死亡（图4-1-2）。

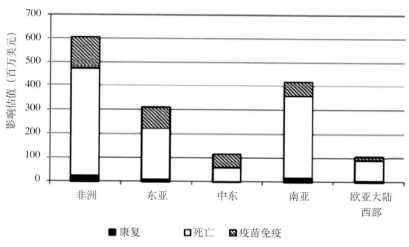

图4-1-2　小反刍兽疫根据地区划分的全球影响估值

敏感性结果分析显示，PPR造成的全球影响将进一步上升至21亿美元。当然这些估值将会、也应该会受到人们质疑。由于假设是比较粗略的，需要再进一步精确。希望各国能够分享各自关于小反刍兽疫发病率和流行率数据以及目前实施免疫的水平状况，这样估算的影响金额就能更为精确并能得到不断更新。这也是对动物健康所需资源进行优先性排序的重要过程。

3.2 国家及地方层面

人们还没有真切地感受到小反刍兽疫对于全球层面的可能影响，但其流行可能给小反刍动物养殖户以及从事动物贸易及加工的企业带来影响。尽管在PPR流行地区，疫病造成的损失可能不是很大，但是许多动物的体重和奶产量会有明显的下降。以下例子说明了遭受的困难。

肯尼亚和索马里小反刍兽疫造成的影响表明畜群受到感染的家庭在不到一年的时间内其动物损失达1/3～1/2。除了如此严重及快速的损失，此类重要疫病经常会导致动物的廉价出售以及价格急剧降低。造成的影响大小取决于所处养殖体系、小反刍动物对于生计的贡献以及疫病状态。例如在象牙海岸，养殖小反刍动物是一个较小的生计活动，所以小反刍兽疫的影响对于林区家畜养殖户来说不是很重要。然而，这种状态下，疫病影响不仅限于动物养殖户，还将影响其他涉及小反刍动物价值链的人。

南亚已经日渐成为小反刍兽疫疫情重灾区，小反刍兽疫给巴基斯坦、阿富汗、尼泊尔、不丹、孟加拉和印度带来了严重损失。受到小反刍兽疫严重影响的印度乡村状况报告表明，小反刍动物通常出现较高的发病率和死亡率，对市场及动物的市场价值链都带来损失。疫病还造成相关的额外医疗支出。它对普通家庭的生计造成严重的影响，因为它使得人们的主要谋生方式发生变化，导致人们不得不变换他们赖以生存的食品。

广义上来说，据估计小反刍兽疫引起肯尼亚约120万只绵羊和山羊的死亡，估计损失达2 360万美元。此外，估计小反刍兽疫引起的奶产量下降有210万升。

3.2.1 有关小反刍兽疫影响的早期研究及观察

——在尼日尔中部发现了小反刍兽疫抗体血清阳性率较高，

表明流行率高（Stem，1993）。正因为如此，小反刍兽疫似乎是尼日尔小反刍动物繁衍的主要制约因素。疫病暴发的传闻足以遏制畜群的移动。据报道，尼日尔大约每5年暴发一次PPR。

——Martenchar等人（1997）总结发现小反刍兽疫与羊痘混合感染，另外线虫和体外寄生虫病均是喀麦隆北部小反刍动物生产的制约因素。然而，血清学研究发现小反刍兽疫血清阳转与出现临床症状间没有关联。大多数动物在血清阳转后可存活两个多月。

——Nawathe（1984）报告在尼日利亚每年有100多起小反刍兽疫疫情被通报，另外还有许多未报道的病例。发病时期通常在雨季，因为在雨季山羊往往聚集在一起，另外会在圣诞节前后也常有疫情暴发，因为此时动物流入向市场的数量增多。

——Roeder等人（1994）介绍了在亚的斯亚贝巴地区暴发的大群山羊小反刍兽疫疫情，死亡率接近100%，在发病后第20天死亡率就接近60%。感染源似乎来自埃塞俄比亚西南部，人们普遍认为此处小反刍兽疫为地方流行。据报道，小反刍兽疫于1989年通过南部的奥莫河流域进入埃塞俄比亚，并于1996年传播至欧加登和中部阿法尔地区。

——1997年在埃塞俄比亚德布雷塞特屠宰场进行的一次血清学调查显示，游牧动物中PPR的流行率高达86%，其中不移动体系里流行率达43%，固定农场动物中PPR的流行率达33%（EMPRES，1998）。

——1993年厄立特里亚首次报道发生PPR，随后1994年在全国范围发生PPR流行，在一些疫情暴发中绵羊和山羊的死亡率达90%，通过免疫疫苗来控制疫情只取得了有限的成功，疫情于1996年再次暴发（EMPRES，1998）。

——在小反刍兽疫（PPR）呈地方流行且有大量小反刍动物存栏的地区，检疫隔离并不是控制疫病的现实有效措施，进行疫苗免疫是有效的控制方法（Nawathe，1984），建议使用组织培养的牛瘟疫苗（TCRV）。该疫苗已知可提供超过一年的保护。此外，疫苗在投送过程中若不能维持冷链运输，则会引发问题，导致部分疫苗发生无效免疫（Nawathe，1984）。在疫病流行地区，动物已具有亚临床感染，后续再使用组织培养的牛瘟疫苗免疫可能会引发疫病暴发。建议使用牛源产生的小反刍兽疫超免血清作为替代品。注射了超免血清以及小反刍兽疫强毒的山羊能够产生持久的免疫力。但是，该项治疗费用对大多数农民来说成本太高（Adu和Joannis，1984）。

3.2.2 近期非洲更多详细的研究揭示的主要信息

——在科特迪瓦阿博维尔地区，2013年畜群感染小反刍兽疫的家庭在7个多月内由于小反刍兽疫导致损失了28%～60%的绵羊和山羊。家畜养殖户介绍山羊的死亡率达30%～97%，而绵羊的死亡率则为0～70%。另外也出现了动物的廉价抛售，小反刍动物农场交货价格下降50%。

——东非当地民众的社会经济资产显示了与小反刍兽疫带来破坏的相关性。在肯尼亚，小反刍兽疫加剧了牧民生计的脆弱性，根据家庭的财富范畴，贫穷水平提升了10%，2年内小反刍动物群累积减少了52%～68%。自从小反刍兽疫疫情发生2年后，图尔卡纳地区已经损失了估计863 122只动物。小反刍兽疫导致人们饮食结构发生转变，在遭受家庭自产的畜产品损失后，只能更多依赖食品市场供给，同时野生食品的消费份额在各个富裕阶层都有所提升。人们售卖小反刍动物和大家畜以便从市场购买食物，导致家畜资产的进一步耗减。这样的后果影响源于监测的延迟，应对不力则受制于多种应对能力因素。

——在坦桑尼亚，小反刍兽疫的传入导致农牧和混合农业系统中在一年多的时间内受感染的畜群分别达到33%～63%。相比农牧系统（其发病率为48.4%），小农混合农业系统的发病率

（56.6％）要高出很多。死亡率的损失为农牧的69.34％到混合农业系统的73.60％。在各受影响村庄，每户平均损失8只绵羊或山羊，估计价值为286美元。在两个系统中，大约有10.1％的家庭由于小反刍兽疫失去了所有的小反刍动物。有少量绵羊及山羊（不到4只）的家庭大多受到感染。一个家庭能够但并未获得的平均收入（由于小反刍兽疫）为233.6美元。在国家层面，由于小反刍兽疫，估计的金额显示4年内总共有360万只动物受到感染，大约100万只动物已经死亡，约64 661只动物被扑杀。约330 910只小动物由于流产而未出生，3 484 505只动物要接受抗生素治疗，约740万只动物接受了免疫疫苗。由于小反刍兽疫，累积损失估计约为6 790万美元。死亡的损失占比最高（74％），其次为治疗和疫苗免疫成本，均为13％，而流产及生产损失也为13％。

——在索马里兰地区，2001—2003年整体基线血清流行率为6.2％，邦特兰地区则为28.7％，相对较高。在索马里兰地区中部和南部，2007年进行了一项研究表明血清流行率为11.6％～65％，整体平均水平为35％。2008年，在Awdal、Maroodijeh和Sahil地区疫病暴发期间采集的绵羊和山羊血清学样品调查显示，整体流行率分别为26％、23％和30％。数据表明小反刍兽疫流行于索马里兰各个地区。后续报道以及确诊的小反刍兽疫暴发促使联合国粮食及农业组织于2012年和2013年实施了大规模的免疫计划，该计划据说非常成功。在两年时间里，共免疫动物3150万只，是索马里兰近些年最大规模的免疫计划。2012年，索马里兰共有绵羊和山羊3 250万只，为19 666 847只绵羊和山羊免疫，占60％。2013年，为11 814 414只绵羊和山羊免疫，主要针对幼畜或没有免疫过的动物。2013年接种小反刍兽疫疫苗同时也接种了羊痘疫苗。同时实施的还有媒介控制，仅针对索马里兰中南部江河地区的880 327只动物。

——印度的两项研究表明尽管受影响动物的死亡率较低，但总体损失较高，即使在动物康复后。每只受影响动物的损失，在中央邦为523卢比（8.44美元）（Awase等，2013），在马哈拉施特拉邦绵羊和山羊的损失分别为918卢比（14.81美元）和945卢比（15.24美元）（Thombare和Sinha，2009）

3.3 总结

小反刍兽疫是一种影响日益重要的疫病。它是正在蔓延而不是被控制的少数传染病之一，人类还未实现对该病的有效控制。它只会感染小反刍动物（对非洲、亚洲和中东地区相对贫穷群体来说相当重要的物种）。但是，这些动物的产品对这些社会所有人都至关重要，所以，小反刍兽疫是一个通常不受欢迎的影响因素。总之，小反刍兽疫在所流行地区具有社会和经济双重影响。

4 小反刍兽疫控制的经济原理

4.1 全球层面

为期15年的全球小反刍兽疫策略估计的最大未贴现费用为76亿～91亿美元，第一年未贴现费用为25亿～31亿美元。PPR发病率区间的低值为16.5%，期待采取有效免疫策略后，有关国家的小反刍兽疫发病率能有快速下降。在所有受测试的情况中，通过严谨的流行病学和经济学分析，发现针对风险畜群进行疫苗免疫活动可以显著减少发病率。这些费用也提供了一个关于疫苗免疫成本的更为实际的数字，涵盖了不同情况下运送成本的数额。

这些费用需要换算成提议措施所保护的动物数量——接近10亿只绵羊和10亿只山羊。据估计，每只羊每年的平均成本为0.27～0.32美元。

相对于小反刍兽疫每年的全球影响评估，全球策略的估计成本值较小。据估计，由于小反刍兽疫，每年的生产损失和动物死亡导致的损失为12亿～17亿美元。小反刍兽疫疫苗免疫的预计支出为2.7亿～3.8亿美元。因此，目前仅小反刍兽疫每年造成的损失就达14.5亿～21亿美元，随着根除计划的成功实施，该影响则会降低到0。重要的是要意识到如果没有该项策略，15年期间开展针对性不强的疫苗免疫计划（不可能根除）仍然要花费40亿～55亿美元。总之，当前结构中每只绵羊或山羊的全球支出为0.14～0.20美元，该项花费无法达到根除小反刍兽疫的目标。

4.2 地区及国家层面

据报道，在非洲东部和西部以及亚洲地区，本地化的小反刍兽疫疫苗免疫运动已经展现出良好的经济效益和社会效益。这些计划相对比较短暂，不能从根本上根除受感染畜群中的病原体。但是，它们提供了良好的证据——即长期致力于控制活动终将会根除小反刍兽疫，从而带来积极的社会和经济影响。还有一些益处就是能提升优良品种的繁育，其他则包括能降低患病动物治疗成本，小反刍兽疫的最终根除会给从事相关贸易和动物加工的人们带来信心。总之，这些将会改善山羊和绵羊产品供应链，从而促进更加可持续性的食品体系，惠及非洲、亚洲和中东地区数百万的消费者。

4.3 相对生产损失，以索马里2001—2013年小反刍兽疫控制成本为例

假定小反刍动物数量从2002年的24 450 297只增加至2013年的32 450 297只，2002—2010年间每年有30万只实施了免疫（基于现有数据）。2011年，免疫数量增加至45万只。2013年，估计有11 814 414只小反刍动物免疫了其他疫病疫苗。2002—2011年，估计有10万只动物除了接受小反刍兽疫治疗外还接受其他疫病治疗，

而这一数字在2012年和2013年分别增加至983 766只和880 327只。在这段时间，收集了约38 221个样本，估算了采样和分析的费用，预估了2002—2013年每单位疫苗成本。其他考虑的成本为冷链投送系统设备的每年折旧及血清学监测成本。疫苗免疫的单位成本（考虑了所有成本）2002—2011年在0.56～0.75美元变动，并且由于2012年和2013年规模经济发展而降低至0.3美元。

小反刍兽疫在2002—2011年的流行率为10%，用来计算死亡率和发病率的损失。应该指出的是该流行率要比一些血清学调查报道低很多。决定使用较低的流行率是基于许多领域存在数据差距。2012—2013年疫苗免疫被认为分别为5%和2%的流行率。2002—2005年病死率为50%，随后几年降低为30%。这是基于肯尼亚的最初数据，该数据显示死亡率在随后的疫情暴发中都有降低。分析表明小反刍兽疫每年的死亡数从2002年的1 222 515只动物下降到2013年的194 702只。每年死亡山羊和绵羊的价值根据死亡率和农场交货价格来估计，在2011年高达2 360万美元，2013年降至约500万美元。

估算了由于小反刍兽疫导致的羊奶产品损失（假设每年生产10升，小反刍兽疫导致其损失50%）。估值显示在大规模疫苗免疫前，由于小反刍兽疫感染，约有210万升山羊奶被丢弃。疫苗免疫降低了76%的成本。每升山羊奶的单位农场交货价格假设为1美元（2002年）和1.25美元（2013年）。

图4-1-3对比了13年每年的未贴现费用以及患病母羊死亡率及产奶损失综合成本。显然，发病和死亡造成的损失依然比采取控制措施所用成本高出很多，这为2012年和2013年提供了机会，可以用更多的经费来减少疫病造成的损失。这些后果解读时，应该结合员工成本、车辆折旧和监测成本的转化，因为数据存在差距。本研究建议应该审核小反刍兽疫的流行率来计算疫病的实际负担。

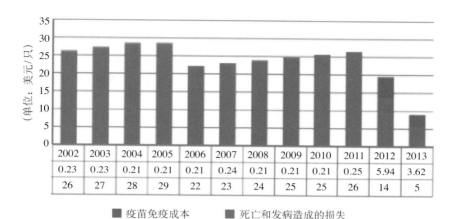

	2002	2003	2004	2005	2006	2007	2008	2009	2010	2011	2012	2013
	0.23	0.23	0.21	0.21	0.21	0.24	0.21	0.21	0.21	0.25	5.94	3.62
	26	27	28	29	22	23	24	25	25	26	14	5

■ 疫苗免疫成本　　　　■ 死亡和发病造成的损失

图4-1-3　相比生产损失的疫苗免疫未贴现费用

4.4 总结

　　本章节提供了绵羊和山羊对于非洲和亚洲数百万人口具有重要意义的证据，而这些人口倾向于来自社会最贫穷阶层。这些小反刍动物面临感染小反刍兽疫的风险，许多国家的案例研究清楚表明小反刍兽疫影响畜牧业主以及动物交易和加工人员的生计。由于全球小反刍兽疫影响，这些生产损失以及偶尔的免疫措施合计花费估计达到14亿～21亿美元，这个估值需要进一步数据收集来精确计算。但是，即使这些数据有25%得到更正，本章节也有充分的理由支持全球根除计划的实施成本。更多索马里详细的实地调查表明这些计划具有即时影响。

参考文献

Adu F.D. & Joannis T.E. (1984). Serum-virus simultaneous method of immunisation against peste des petits ruminants. *Tropical Animal Health and Production*, 16, 115-118.

Akerejola O.O., Veen T.W.S. & van Njoku C.O. (1979). Ovine and caprine diseases in Nigeria: a review of economic losses. *Bulletin of Animal Health & Production in Africa*, 27 (1), 65-70.

Awa D.N., Njoya A. & Ngo Tama A.C. (2000). Economics of prophylaxis against peste des petits ruminants and gastrointestinal helminthosis In small ruminants in north Cameroon. *Tropical Animal Health & Production*, 32 (6), 391-403.

Awase M., Gangwar L.S., Patil A.K., Goyal G. & Omprakash (2013). Assessment of economic losses due to Peste des Petits Ruminants (PPR) disease in goats in indore Division of Madhya Pradesh. *Livestock Research International*, 1 (2), 61-63.

Ba S.B., Udo H.M.J. & Zwart D. (1996). Impact of veterinary treatments on goat mortality and offtake in semi-arid area of Mali. *Small Ruminant Research*, 19, 1-8.

EMPRES (1998). Assessment of PPR in the Middle East and the Horn of Africa. *EMPRES Transboundary Animal Diseases Bulletin*, 6. Available at: ftp://ftp.fao.org/docrep/fao/011/ak125e/ak125e00.pdf.

Kumar Singh R., Balamurugan V., Bhanuprakash V., Sen A., Saravanan P. & Pal Yadav M. (2009). Possible control and eradication of peste des petits ruminants from india: Technical aspects. *Veterinaria italiana*, 45 (3), 449-462.

Martrenchar A., Zoyem N., Njoya A., Ngo Tama A-C., Bouchel D. & Diallo A. (1999).Field study of a homologous vaccine against peste des petits ruminants In northern Cameroon. *Small Ruminant Research*, 31, 277-280.

Mukasa-Mugerwa E., Lahlou-Kassi A., Anindo D., Rege J.E.O., Tembely S., Tibbo M. & Baker R.L. (2000). Between and within breed variation in lamb survival and the risk factors associated with major causes of mortality in indigenous Horro and Menz sheep in Ethiopia. *Small Ruminant Research*, 37 (1/2), 1-12.

Nawathe D.R. (1984). Control of peste des petits ruminants in Nigeria. *Preventive Veterinary Medicine*, 2, 147-155.

附件2　区域形势

各区域或分区域列举的国家大多是基于与联合国粮食及农业组织（FAO）区域委员会和世界动物卫生组织（OIE）具有成员关系以及与相关的区域经济共同体的成员关系。全球策略第三部分第2.1节提供了清单。

1　东亚、东南亚、中国和蒙古

小反刍兽疫（PPR）于2007年第一次传入中国。自从2013年年底，中国有22个省份受到感染，疫情连续暴发，持续到2014年下半年。因此，大量动物被捕杀，对27个省份进行了疫苗免疫（3亿剂量）。这些控制措施大幅减少了暴发次数，自2014年5月至2015年1月底，仅有8次零星暴发。

东南亚国家（东盟成员）并未受到感染。蒙古也没有感染，但由于中国处于高危状态，因此要提高应急意识和准备水平。

2　南亚

南亚区域合作联盟（SAARC）成员国于2011年制定了区域路线图，并且每两年审核一次。除斯里兰卡外，所有SAARC成员国都报道有小反刍兽疫感染发生；然而，马尔代夫和不丹报道仅有一次暴发。每个SAARC成员国均有适合开展小反刍兽疫诊断的国家实验室，孟加拉国国家实验室目前为区域实验室，对确认的高危地区持续监测并实施疫苗免疫活动。孟加拉国、印度和尼泊尔目前均生产小反刍兽疫疫苗；但是，急需提高这些疫苗的质量和数量以满足国家和地区的要求。在2013年12月举行的区域会议上总结了面临的几大问题，其中包括缺乏跨价值链的社会经济影响评估、需要制订策略计划并确保实施预算以及提高技术专业知识和技能。对于提高农民的意识、制定或修改并实施关于动物移动的规章制度、同步地区实验室诊断测试以及提供优质有保障的疫苗等需求也达成了协议。部分国家已经从联合国粮食及农业组织的技术支持中获益，例如阿富汗和巴基斯坦，其疫病监测、实验室诊断能力、疫苗生产和疫苗免疫活动都得到了加强。

3　中亚

在中亚[1]有少数几个国家受到或已经受到小反刍兽疫感染，但是这些国家的准确情况尚不清楚。疫苗免疫已经在部分国家开展。疫苗在与该地区相邻的国家生产（参见脚注"欧亚大陆西部"），例如伊朗和巴基斯坦。小反刍兽疫控制和根除计划正在制定中，但是需要各方更好地协调与合作。

土耳其受小反刍兽疫（PPR）感染比较严重，目前正在实施疫苗免疫（使用 PPRV Nigeria 75/1 疫苗株）以及监测。主要的挑战之一就是预防任何疫病入侵欧洲，整个欧洲地区目前尚未受到小反刍兽疫感染。

4　中东

小反刍兽疫在该地区的状况非常有利，但是有些国家受到感染，其他国家精准的状况需要更好的评估。所有国家都在进行监

1　该地区与土库曼斯坦、哈萨克斯坦、乌兹别克斯坦、吉尔吉斯斯坦、塔吉克斯坦和高加索地区国家（格鲁吉亚、阿塞拜疆和亚美尼亚）为一组。由于流行病学原因，有些属于中东地区的国家（叙利亚和伊朗）或南亚（阿富汗和巴基斯坦）地区以及土耳其均与所谓的"欧亚大陆西部"相关，被邀请参加"欧亚大陆西部"区域会议。

测，意识都在提升。约旦和沙特阿拉伯生产疫苗。

2014年举办了联合国粮食及农业组织和世界动物卫生组织《全球跨境动物疫病防控框架》（GF-TADs）研讨会，发现了主要的限制因素及挑战以及需要改进的领域。会上提议要解决几个重大问题，包括改善流行病监测网络、控制小反刍动物的移动以及支持建立区域实验室和流行病网络。还建议提升宣传意识，开展交流和社会经济研究以及流行病学及风险分析方面的培训和能力建设。

中东三个国家（也门、叙利亚和伊拉克）拥有大量的小反刍动物，当前政治现状干扰和阻碍了对小反刍兽疫以及其他主要疫病的监测和控制计划。这意味着其邻国面临着重大风险，也意味着在中东实施小反刍兽疫根除策略有一定的阻碍。

5 欧洲[1]

在欧洲还没有小反刍兽疫病毒（PPRV）流行，有29个国家获得OIE的无PPR官方认可。由于近些年邻国（例如非洲北部和土耳其）小反刍兽疫疫情的扩散，传入风险不断加大，欧洲国家目前已经有相当强的意识，进行了必要的准备工作和流行病学监测，并且会得到进一步加强。

欧洲食品安全局（EFSA）2015[2]年发布了一份报告，给出了关于小反刍兽疫"科学观点"，并且特别评估了小反刍兽疫对欧盟及

1　仅包括严格的地理位置上的欧洲地区，而不包括FAO或OIE欧洲区域委员会中的非欧国家。

2　欧洲食品安全局（EFSA）AHAW小组［欧洲食品安全局（EFSA）动物健康与福利小组］. 2015. 关于小反刍兽疫（PPR）科学观点[J]. 动物健康与福利（AHAW），13（1），3985，第94页。DoI：10.2903/j.efsa.2015.3985。查阅网址：www.efsa.europa.eu/efsajournal。

其邻国的传入风险以及估计的传播速度。报告认为最有可能的入侵途径是通过受感染地区动物的非法跨境运输。报告特别建议与受感染地区相邻的国家和地区要提高宣传意识活动及通过培训增强农民及兽医临床鉴别小反刍兽疫能力。同时也强烈建议更好地了解合法和非法牲畜及动物产品的移动运输，尤其在小反刍兽疫感染地区或处于有小反刍兽疫感染风险的地区。

6 北非

　　小反刍兽疫目前也在非洲北部地区一些国家有报道。在这一地区，近些年情况有所变化。自从20世纪80年代开始，在毛里塔尼亚就发现了小反刍兽疫的存在，近几年都会有定期的报告。摩洛哥于2008年首次报道有小反刍兽疫疫情发生，病毒属于Ⅳ系（南亚和中东地区的常见病毒），该毒株首次于20世纪80年代末在埃及被发现。随后，该Ⅳ系病毒同样于2009年在突尼斯以及2011年在阿尔及利亚引发了小反刍兽疫疫情，自此便一直有相关报道。Ⅳ系小反刍兽疫在埃及广泛传播。根据血清学调查，怀疑但未经官方报道，利比亚也有Ⅳ系小反刍兽疫（PPR）存在。在毛里塔尼亚，小反刍兽疫流行株则属于Ⅱ系。

　　摩洛哥在2008—2011年实施了大规模的疫苗免疫活动，并伴随实施了诸如强化监测工作等其他控制措施。由于到目前再未有小反刍兽疫病例发生，所以说免疫活动是成功的。这一结果表明小反刍兽疫可以通过大规模的疫苗免疫活动而得到控制。其他经验包括在北非地区任何一个无小反刍兽疫国家都是非常易受感染的，因为该地区国家间有大量、反复以及大多不可控制的传统性的动物移动。这就强调了要保持高度警惕的重要性，要能对任何疫情的复发进行早期监测并快速响应。在北非制定并实施的区域小反刍兽疫控制策略，是基于受感染国家间协调开展大规模的疫苗免疫以及有效积极监测措施，以及对牲畜合法或非法移动情况的不断了解，这些都至关重要。动物健康领域的所有区域政策和活动都通过已为大家确认的REMESA平台来协调。

7 东非

非洲东部的所有国家都受到了感染，已经制定了相关区域策略，目标是发展或改进一系列活动，包括监测、诊断程序、疫苗免疫以及宣传意识活动。当前，针对小反刍兽疫及其他疫病的预防及控制措施均是基于疫苗免疫活动，大多疫苗免疫活动是应对疫病暴发，因此集中在疫点地区（例如环带免疫）。然而，肯尼亚于2008/2009年进行了大规模的小反刍兽疫免疫活动，而索马里于2012/2013年进行了大规模的小反刍兽疫免疫活动。免疫使用的毒株为Nigeria 75/1株（在埃塞俄比亚、肯尼亚和苏丹生产）。耐热性疫苗的使用将是免疫有效性的一大重要改进。

8 南部非洲

南部非洲大多数国家目前没有受到小反刍兽疫感染，但是南部非洲发展共同体（SADC）成员国在个别国家发生小反刍兽疫传入事件后，于2010年制定了区域小反刍兽疫控制策略。该策略的主要目标如下：

①立即遏制/控制小反刍兽疫病毒在坦桑尼亚、刚果民主共和国和安哥拉的流传。

②预防疫病传入马拉维、莫桑比克和赞比亚。

③提出长期根除南部非洲发展共同体地区小反刍兽疫的方法。

目前，只有博茨瓦纳在南部非洲发展共同体（SADC）地区生产小反刍兽疫疫苗。南部非洲获有世界动物卫生组织（OIE）的官方无小反刍兽疫认可。联合国粮食及农业组织及国际原子能机构（IAEA）支持提高实验室诊断及疫苗生产能力，提高疫病监测，从事小反刍兽疫的社会经济影响研究，加强该地区小反刍兽疫防控的协调。

9 中非及西非

中非和西非的所有国家都受到小反刍兽疫的感染。区域会议及大会已经解决了小反刍兽疫问题（例如：非洲的世界动物卫生组织区域委员会会议），联合国粮食及农业组织已经实施了一些国家项目来支持相关活动，包括实验室诊断（与IAEA）、监测和其他实地运营或疫苗生产（与AU-PANVAC）、国家策略制定等。已经在地方流行区和风险地区实施疫苗免疫活动，但是成效并不佳。比尔和梅林达盖茨基金会资助的临床试点项目由世界动物卫生组织在加纳和布基纳法索实施，预期目标是确认可能会阻碍疫苗免疫活动成功实施的主要限制因素。该研究考虑了各种生产体系及疫苗投送体系（共有和私有），并测试了几个评估方法。后勤事宜以及直接针对养殖户及疫苗免疫员的沟通是决定取得成功或失败的原则性因素。这一现场构成部分与其他两个构成部分相结合，即：提高在非洲生产的小反刍兽疫疫苗（由AU-PANVAC实施）质量以及建立疫苗库。当前，尼日利亚、尼日尔、马里和塞内加尔生产小反刍兽疫疫苗。在区域层面，已经意识到很多限制因素，例如：投递系统的有效性，尤其是在小规模生产体系或者偏远及不安全地区，以及疫苗冷藏链。在中非及西非，相关的区域经济共同体（如ECOWAS，CEMAC，CEBEVIRHA，WAEMU等）以及其他区域机构继续与其发展合作伙伴加强政治承诺以及金融和技术支持，目前正在编制国家和区域的控制与根除策略。

在非洲，AU-PANVAC的支持至关重要，2014年AU-PANVAC确定了非洲大陆的小反刍兽疫控制策略。[1]

在全球、区域和国家层面，联合国粮食及农业组织以及世界动物卫生组织支持区域组织及成员的作用是多重的，与实验室事宜相关。对世界动物卫生组织来说，采用《陆生动物卫生法典》小反刍兽疫相关章节的最新条款已经为相关国家创造了被世界动物卫生组织官方认可无为小反刍兽疫状况国家或其国家控制计划获得世界动物卫生组织认可的可能性。已经证明这对于着手进行控制和根除计划的国家是非常有力的激励措施。就联合国粮食及农业组织来说，积极寻求的是通过开发项目的实施来给予各国直接的支持。在区域和国际层面，两大组织在全球跨境动物疫病防控框架（GF-TADs）内共同合作，倡导并提供恰当的专业知识来支持其成员。

1　非洲联盟-非洲动物资源局（AU-IBAR），非洲联盟-非洲兽医疫苗中心（AU-PANVAC），Soumare B，2013. 非洲小反刍兽疫控制和根除计划：指导与支持非洲小反刍兽疫控制和根除框架，第五次非洲CVO会议，科特迪瓦阿比让，13-15。可查阅：file:///C:/Users/jdom/Saved%20Games/Downloads/20130508_evt_2013041819_abidjan_pan_african_program_for_the_control_and_eradication_of_ppr_en%20(2).pdf. 及 Elsawalhy A.，Mariner J.，Chibeu D.，等，2010. 非洲逐步控制小反刍兽疫策略.

附件3　防控工具

附件3.1　实验室诊断工具

对小反刍兽疫的首次描述仅能追溯到1942年，该疫病其实是一种非常古老的疫病，过去一直被忽视，因为与其他一些小反刍兽病具有相似症状，特别是牛瘟和巴氏杆菌病。在很多病例中，巴氏杆菌病其实是小反刍兽疫病毒对宿主造成免疫抑制作用后由于继发感染而引起的病症。过去人们对于小反刍兽疫地理分布的了解是稳步拓宽的，但到了20世纪90年代，随着特异性和敏感性试验方法（基于核酸探针检测、单克隆抗体血清学检测和核酸扩增检测）逐步实用，对相关知识的了解呈现爆发式增长。显然，这些检测方法的研发及其向兽医诊断实验室的转化和成功实施，为我们当前对小反刍兽疫状况的理解做出了重大贡献，未来也将成为小反刍兽疫控制计划的必要条件。对于任何疫病控制来讲，诊断实验室的选址至关重要：因为治疗/控制疫病的前提是诊断疫病。由于小反刍兽疫具有跨区域的性质，为了提高效率，任何控制策略都应采取分区域的方法，并定期举行会议，以便不同国家的利益相关者互相交换信息。网络化是开展此类紧密协作的最佳途径。

这是全球牛瘟根除计划（GREP）可供借鉴的成功经验之一。的确如此，全球根除牛瘟计划取得成功的关键要素之一就是，从1988年开始，联合国粮食及农业组织/国际原子能机构联合司(FAO/IAEA)成功地将牛瘟诊断检测技术转化给全球根除牛瘟计划参与国的大部分兽医实验室。实验室网络化给这一转化提供了保障：各种活动更加协调，诊断程序与实验室能力对比验证趋于一致，科学方面的新发展得以更新和吸纳，信息易于交换，以及参与同一计划的科学家之间可以保持联络并建立信任。联合国粮食及农业组织/国际原子能机构联合司(FAO/IAEA)将与联合国粮食及农业组织（FAO）/世界动物卫生组织（OIE）小反刍兽疫参考实验室紧密合作，在组织培养小反刍兽疫区域实验室和小反刍兽疫全球实验室方面和确保新技术向此类实验室转移方面，共同发挥协调作用。生物技术和生物信息学的到来，以及电子器件质量改进的实现，使疫病诊断发生了巨大的革命性变化，使病原体识别技术具有了高度特异性、高度敏感性以及快速性，这些成果是做出有效早期应对方案的必要条件。源于这些新技术的各种化验分析方法仍在不断改进，这表明，兽医实验室在能力建设方面一直做着不懈努力：包括人员培训以及按要求提供设备和试剂。在实施此类化验分析方法方面，小反刍兽疫流行国家大部分兽医诊断实验室的水平参差不齐，其中一些因资金支持有限仅能够实施一些经典化验分析方法。小反刍兽疫控制策略将通过努力提高动物疫病诊断能力以及根据每一个实验室的水平为其提供个性化支持的方式，尽力改善这些薄弱环节，同时，也考虑到，要把所有这些实验室都培养成高标准实验室，从财务角度来讲，是不可能做到的。不过，应提供此类支持来实现小反刍兽疫的全面诊断，在区域内达到能进行病毒分离和基因分型能力，当然，这是在与联合国粮食及农业组织/世界动物卫生组织小反刍兽疫参考实验室和联合国粮食及农业组织/国际原子能机构联合司的协同下完成。

大家的确期待世界动物卫生组织结对计划和联合国粮食及农业组织/国际原子能机构联合司兽医实验室支持活动所提供的支持会促使每个区域和网络中至少有1个或2个实验室达到良好标准，从而成功实施小反刍兽疫病毒（PPRV）完整识别和病毒特征分析。在由联合国粮食及农业组织/国际原子能机构联合司协调的一系列网络中，这些"区域小反刍兽疫参考实验室"将与联合国粮食及农业组织/世界动物卫生组织参考实验室共同成为核心参与者。提供的支持应当促进实验室检测样本的采集和运输。小反刍兽疫控制策略将在以下四个层面考虑疫病诊断与监测。

①由专业的和非专业的实验室诊断人员运用现场检测技术，即免疫层析试纸条，进行诊断。

②在装备简陋的区域实验室运用免疫捕获法通过血清学检测（如ELISA）进行抗体检测或病毒检测。

③在国家实验室通过核酸扩增（RT-PCR）试验对小反刍兽疫病毒进行识别。

④在区域参考实验室、联合国粮食及农业组织/世界动物卫生组织参考实验室或联合国粮食及农业组织/国际原子能机构联合司进行病毒分离和基因分型。

在区域小反刍兽疫参考实验室分离的病毒应可供联合国粮食及农业组织/世界动物卫生组织参考实验室和联合国粮食及农业组织/国际原子能机构联合实验室使用。不仅是联合国粮食及农业组织实验室，还有世界动物卫生组织协作中心，都将血清学检测及分子技术应用到病毒分离。考虑到成本效率，小反刍兽疫控制计划还应当同时包括对其他需要优先处理的重大小反刍兽疫疫病的控制，兽医诊断实验室应相应提高能力，从而不仅能够进行小反刍兽疫诊断，还能够及时诊断其他需要优先处理的重大小反刍兽疫病。

为了更好地采集样本和解释检测结果，将对实验室科学家和流行病学家之间的密切互动进行进一步探讨。

参考文献

Banyard A.C., Parida S., Batten C., Oura C, Kwiatek O. & Libeau G. (2010).

Global distribution of peste des petits ruminants virus and prospects for improved diagnosis and control. *J. Gen. Virol.*, 91, 2885-2897.

Baron J., Fishbourne E., Couacy-Hyman E., Abubakar M., Jones B.A., Frost L., Herbert R., Chibssa T.R., Van't Klooster G., Afzal M., Ayebazibwe C., Toye P., Bashiruddin J. & Baron M.D. (2014). Development and testing of a field diagnostic assay for peste des petits ruminants. virus. *Transbound. Emerg. Dis.*, 61, 390-396.

Diallo A., Libeau G., Couacy-Hymann E. & Barbron M. (1995). Recent developments in the diagnosis of rinderpest and peste des petits ruminants. *Vet. Microbiol.*, 44, 307-317.

附件3.2 疫苗

早期的牛瘟和小反刍兽疫血清学研究证明，牛瘟和小反刍兽疫病毒都只有一种血清型。但基因序列分析已经能够将牛瘟病毒株分为3类株系，将小反刍兽疫病毒病毒株分为4类株系。

然而，株系之间的差异在减毒活疫苗的宿主免疫应答方面似乎并没有影响。的确，全球根除牛瘟计划取得成功的关键之一是有有效的牛瘟疫苗可用，即Plowright细胞培养减毒活疫苗，为宿主提供终生保护性免疫应答，对3种牛瘟病毒株系的所有毒株都有效。感染小反刍兽疫的动物在恢复以后，会对牛瘟形成终生免疫力。小反刍兽疫细胞培养减毒活疫苗似乎与野生型毒株具有相同特征。目前，有6种小反刍兽疫减毒活疫苗，全部属于Ⅱ系或Ⅳ系。Ⅱ系临床使用经验表明，该类株系对所有小反刍兽疫毒株有效，无论小反刍兽疫毒株属于什么株系。Ⅳ系疫苗也应当也具有这一特征。目前，约有15个厂家生产小反刍兽疫疫苗。全球根除牛瘟计划取得成功的经验之一是在大规模疫苗免疫期间使用有质量认证的疫苗，疫苗质量符合世界动物卫生组织标准。预计小反刍兽疫控制策略也将采取这一办法。对此，认证机构应当是独立机构，例如，非洲PANVAC。

目前的小反刍兽疫减毒疫苗有两个不利条件。一个是投送动物免疫前必须在冷链中保存，以免因受热而失活。大部分小反刍兽疫流行区域处于炎热气候环境，当地通常缺乏冷链维护用基础设施以保障疫苗效价。现在，这一不利条件已经得到解决，许多研究实验室通过采用冷冻防护剂改进了冻干条件。预计，将这些新技术转移给疫苗厂家将最终改进疫苗质量。

小反刍兽疫病毒疫苗目前面临的另一个不利条件是无法对动物免疫疫苗产生的抗体应答与野生型病毒感染产生的抗体应答进行区分。这导致在已实施或正在实施疫苗免疫计划的疫区无法利用血清流行病学进行疫病监测。通过使用DIVA疫苗，可将免疫活动与血清学监测结合从而实现疫病最佳管理。为解决这一问题，正在实践很多种办法：在载体基因组中克隆小反刍兽疫病毒保护性免疫蛋白，并将该产品作为重组疫苗使用，或者，采用反向遗传技术标记小反刍兽疫病毒基因组。10年之内，这些产品仍将无法供临床使用。因此，小反刍兽疫控制计划的最初阶段，将使用现有可用疫苗，并改进其热稳性。

参考文献

Diallo A. (2003). Control of Peste des Petits ruminants: classical and new generation vaccines. *Dev. Biol. Basel*, 114, 113-119.

Diallo A. (2005). Control of Peste des Petits ruminants: vaccination for the control of Peste des Petits Ruminants. *Dev. Biol. Basel*, 119, 93-98.

Diallo A., Minet C., Le Goff C., Berhe G., Albina E., Libeau G. & Barrett T. (2007). The Threat of Peste des Petits Ruminants: Progress in Vaccine Development for Disease Control. *Vaccine*, 25, 5591-5597.

Saravanan P., Sen A., Balamurugan V., Rajak K.K., Bhanuprakash V., Palaniswami K.S., Nachimuthu K., Thangavelu A., Dhinakarraj G., Hegde R. & Singh R.K. (2010).Comparative efficacy of peste des petits ruminants (PPR) vaccines. *Biologicals*, 38, 479-485.

Sen A., Saravanan P., Balamurugan V., Rajak K.K., Sudhakar S.B., Bhanuprakash V., Parida S. & Singh R.K. (2010). Vaccines against peste des petits ruminants virus. *Expert Rev. Vaccines*, 9, 785-796.

Silva A.C., Yami M., Libeau G., Carrondo M.J. & Alves P.M. (2014). Testing a new formulation for Peste des Petits Ruminants vaccine in Ethiopia. *Vaccine*, 32, 2878-2881.

附件3.3 监控和评估工具

致　　谢

小反刍兽疫监控评估工具是在联合国粮食及农业组织及世界动物卫生组织全球跨境动物疫病防控框架（GF-TADs）小反刍兽疫工作小组职责范围内，由Nadège Leboucq博士（世界动物卫生组织）和Giancarlo Ferrari博士（联合国粮食及农业组织）共同制作完成，Joseph Domenech博士（世界动物卫生组织）提供了支持，并做出了贡献。

小反刍兽疫监控评估工具的制作完成得益于欧洲口蹄疫防治委员会（EUFMD）、联合国粮食及农业组织和动物卫生组织专家所做的一个相似的工作，即制定口蹄疫渐进控制路线图（FMD-PCP），实现口蹄疫控制进展监控。

引　言

　　小反刍兽疫是解决与扶贫和保障粮食安全相关的动物卫生问题方面的典型疫病。控制小反刍兽疫应视为全球性公益事业。抗击小反刍兽疫被纳入世界动物卫生组织第五阶段策略计划和联合国粮食及农业组织第二、第三和第五阶段策略目标。小反刍兽疫成为世界动物卫生组织全球跨境动物疫病防控框架区域及全球重点防控疫病之一，控制小反刍兽疫被纳入世界动物卫生组织全球跨境动物疫病防控框架全球及五个区域的五年行动计划。

　　世界动物卫生组织和联合国粮食及农业组织已决定着手在全球范围内控制并根除小反刍兽疫，并制定全球策略（即"全球小反刍兽疫控制与根除策略"，以下简称"小反刍兽疫全球策略"）。的确有必要系统地处理这一难题，以防再次进入流行期，并为各个国家提供协助，促进统一行动，即使不能实现对小反刍兽疫的根除，也要实现对小反刍兽疫的控制。

　　制定小反刍兽疫全球策略的决定水到渠成，主要原因如下。

　　——可以借鉴全球根除牛瘟案例。2011年正式宣布全球根除牛瘟。该案例可以作为根除小反刍兽疫的榜样。世界动物卫生组织和联合国粮食及农业组织成员国都鼓励所在组织借鉴全球根除牛瘟案例经验，将其方法扩展到全球根除小反刍兽疫上。2011年6月举行的第37届联合国粮食及农业组织大会特别提出这一点。当时，联合国粮食及农业组织成员国"鼓励联合国粮食及农业组织充分利用全球根除牛瘟取得的成果，将可借鉴的经验用于防控其他影响粮食安全、公共卫生、农业体系可持续性及农村发展的疫病。"

　　——2013年5月通过决议，通过世界动物卫生组织来获取国家小反刍兽疫状况的官方认可，也可选择申请官方认可其国家控制计划（见《OIE陆生动物卫生法典》第1.6和第14.8章）。

——已有类似方法存在，被联合国粮食及农业组织和世界动物卫生组织的全球口蹄疫控制策略及其辅助工具采用，即口蹄疫渐进控制路线图指南、口蹄疫渐进控制路线图评估工具和口蹄疫控制计划模板。控制口蹄疫所采用的一些一般性原则可以用到其他疫病上，例如，小反刍兽疫。

小反刍兽疫监控评估工具是小反刍兽疫全球策略的辅助工具，旨在：（a）根据全国及地方小反刍兽疫的主要流行病学情况、预防与控制活动，对国家进行分类；（b）指导并促进已着手开展小反刍兽疫预防与控制活动的国家开展工作，特别是在流行病学证据和实践证据的基础上对小反刍兽疫流行国家给予指导和设定时间表；（c）利用时间表和具体规范，在国内不同区域和不同国家小反刍兽疫预防相对进展方面提供比较口径；（d）最终取得世界动物卫生组织无疫状况官方认可。

小反刍兽疫监控评估工具使用基于证据的透明评估程序确定每个国家小反刍兽疫全球策略所处阶段。被评估国家必须能够针对该工具描述的关键结果提供其开展的活动和取得的进展的确凿证据。

小反刍兽疫监控评估工具既可用于国家进行自我评估，也可用于外部专家应有关国家请求在世界动物卫生组织全球跨境动物疫病防空框架全球小反刍兽疫工作小组监督下进行外部独立评估（国家考察）。

小反刍兽疫监控评估工具被设计为独立使用文件。因此，小反刍兽疫全球策略中的主要因素在该文件中被重新命名。

对该文件中小反刍兽疫监控评估工具的使用将在一年后进行评估，并且，将专门组织专家会议对相关方法进行修改或更新，并对一些要素进行微调，例如，绩效指标及其相关目标、结果排名规则等（预期结果/目标完全/部分/未达到）。

小反刍兽疫监控评估工具是一个动态文件，除可随时按照需要进行调整外，从常态化使用该工具的国家收集的经验也可作为触发对该文件进行修改的重要依据。

1 小反刍兽疫监控评估方法的原则与应用

1.1 概述

小反刍兽疫监控评估方法是基于小反刍兽疫全球策略确定的4个阶段，旨在实现小反刍兽疫渐进控制与根除，相当于把降低流行病学风险水平与提高预防与控制水平结合起来。

小反刍兽疫全球策略确定的四个不同阶段如图4-3-1所示。顺序是从阶段1（已进行流行病学状况评估）一直到阶段4（某国可出示材料证明其国家或区域内没有小反刍兽疫病毒传播，且准备向OIE申请无小反刍兽疫官方认可）。

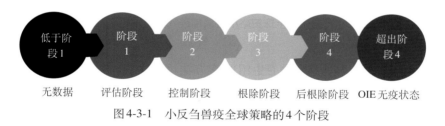

图4-3-1　小反刍兽疫全球策略的4个阶段

如果一国没有充分且结构完整的数据以掌握和反映小反刍兽疫真实风险状态，没有开展恰当的流行病学调查，没有防控计划，那么其不能列入这4个阶段的任何一个阶段（属"低于阶段1"）。

如果一国获得OIE小反刍兽疫无疫官方认可，那么也不能列入这4个阶段的任何一个阶段（属"超出阶段4"）。该国有权在阶段4结束时随时向世界动物卫生组织申请官方国家地位。

1.2 阶段式进展

进展通常是指从某一阶段进入相邻的下一个阶段，这一概念适用于大部分小反刍兽疫流行国家，特别是可能没有资源在全国范围内直接应对该疫病的发展中国家。尽管如此，对于愿意更加快速地根除小反刍兽疫的国家，仍然有"快速程序"，使其能够直接从阶段1进入阶段3，从阶段2进入阶段4，以及从阶段1进入阶段4（图4-3-2）。

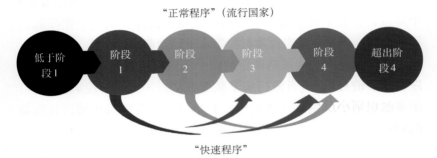

图4-3-2　小反刍兽疫全球策略渐进式推进方法正常程序及快速程序

除已获得世界动物卫生组织官方认可的国家（特别是，根据《OIE陆生动物卫生法典》规定，历史无疫的国家）以及已被列入进入小反刍兽疫全球策略阶段1以上的国家外，对于任何希望着手采用小反刍兽疫渐进式方法的国家，要了解形势，决定下一步行动，最终实现根除，阶段1是不可绕过的。

注意事项：（a）达到某一阶段的要求，是进入下一个相邻阶段的前提；（b）对于进入快速通道程序（即从某一阶段直接越级进入更高级阶段）的国家，仍应完全达到所跨越的阶段的要求。某些预防与控制措施除外。使用快速通道程序很大程度上与阶段1确定的病毒是否仍然存在相关。

进展速度要看每个国家根据该国流行病学形势以及兽医机构能力所做的决定。

但小反刍兽疫全球策略仍然就每一阶段的持续时间建议如下：

>第1阶段→少则12个月，多则3年

>第2阶段→3年（2～5年）

>第3阶段→3年（2～5年）

>第4阶段→少则24个月，多则3年。

1.3 技术要素

在某一阶段对任何国家进行归类（即风险级别归类），都是通过综合运用小反刍兽疫全球策略中描述的五个主要技术要素完成的。

>小反刍兽疫诊断体系。有效控制小反刍兽疫要求相关国家境内有基本的可靠的实验室诊断机构运营（首选）或将其外包。临床兽医识别小反刍兽疫以及启动鉴别诊断程序的能力和技能应当被纳入整个诊断体系。

>小反刍兽疫监测体系。监测是了解一国小反刍兽疫流行病学的关键，也是监控小反刍兽疫控制与根除工作进展的关键。围绕控制与根除小反刍兽疫四个阶段，监测体系将日趋复杂。总之，监测活动的综合性意味着对生产和贸易系统（价值链）了解得更透彻。

>小反刍兽疫预防与控制体系。小反刍兽疫预防与控制措施综合运用了各种工具，其中包括免疫、提高生物安全水平、实施动物标识、动物移动控制、隔离和扑杀。一国可根据小反刍兽疫预防控制工作强度选择运用这些工具。

>与PPR防控匹配的法律框架。法律可以为兽医机构提供开展小反刍兽疫监控、预防与控制所必需的权力及能力。无论处于哪一阶段，都应确保有适当的立法框架，且该立法框架应符合要开展的活动的类型。

>利益相关方参与小反刍兽疫工作。如果没有各个领域的利益

相关方（私人兽医及公共兽医、助理兽医、畜主及所在社区动物卫生工作者、贸易商、非政府组织，以及其他发展合作伙伴）深度参与小反刍兽疫预防、控制与最终根除，该项工作就无法真正取得进展。这意味着，需要在每一阶段确定利益相关方的作用和职责——小反刍兽疫控制工作很大程度上需要公共领域和私人领域共同参与。这还意味着，需要针对所有这些利益相关方制定有效的意识策略和沟通策略。

1.4 目标、进展和活动

每一阶段对目标都有具体描述（见小反刍兽疫全球策略第二部分2.3节），并且目标与上述五个主要技术要素（诊断、监控、预防与控制、立法及利益相关者参与）相关。表4-3-1对小反刍兽疫全球策略关于渐进式方法进度的建议做了汇总。

每一阶段的进展和活动，也与上述五个主要技术要素相关。活动及其影响（进展）在每一阶段的确是可以用小反刍兽疫监控评估工具衡量的。

表4-3-1 各防控阶段中五个要素的进度建议

技术要素	阶段1（评估）	阶段2（控制）	阶段3（根除）	阶段4（后根除）
诊断	主要基于血清学监测方法建立实验室诊断能力	通过引入生物分子方法，加强实验室能力，对野生毒株进行更好的特征描述	通过引入实验室质量保证体系，进一步加强实验室能力，为根除提供支持	维持前一阶段实验室能力，加强鉴别诊断途径。开始实施小反刍兽疫病毒隔离活动
监控	实施监测活动，评估社会经济影响	实施监控，包括应对机制和降低风险的措施	加强监控，包括应急机制	将监控目标转换为证明小反刍兽疫已不存在

技术要素	阶段1（评估）	阶段2（控制）	阶段3（根除）	阶段4（后根除）
预防与控制	为实施预防与控制活动奠定基础	在区域或生产系统的基础上，有针对性地实施疫苗免疫活动，从而在全国范围进行次级预防工作的管理	通过向未免疫疫苗区域/生产系统推广疫苗免疫，或者，在已识别的暴发中采取更加积极的政策以压制病毒复制，实现根除	中止疫苗免疫。根除与预防措施是基于扑杀、进口移动控制、生物安全措施和风险分析，从而了解（再次）传入小反刍兽疫的潜在途径
法律框架	以小反刍兽疫为重点，评估动物卫生法律框架	改进法律框架，为在目标领域实施控制活动提供支持	进一步改进法律框架，为在种群层面降低预防风险提供支持，包括从国外传入小反刍兽疫的风险，并有可能容纳补偿机制	进一步改进法律框架，容纳更多严格的边境政策；制定附加法律规定（例如封闭），在已获得无小反刍兽疫官方认可地位的背景下实施
利益相关方参与	促使利益相关方就同意就小反刍兽疫控制与根除目标达成一致（特别是在透明度方面）	在实现疫苗免疫运动过程中，使利益相关方在加强上报和目标领域方面积极参与	一旦暴发小反刍兽疫疫情，使利益相关方在建立补偿资金评估程序方面充分参与	使利益相关方在小反刍兽疫方面充分保持警惕与互信

实施所有这些活动应使该国能够逐步降低小反刍兽疫发生率，达到可以从家畜种群中根除的程度（包括相关的野生动物）。定期对控制/根除活动进行监测，确保相关工作和努力会形成预期产出。

1.5 兽医机构能力

小反刍兽疫全球策略认为良好的兽医机构对于成功持续实施小反刍兽疫（及其他主要跨境动物疫病）预防与控制活动是不可

缺少的，是为控制小反刍兽疫提供的支持条件的一部分。因此，随着一国向更高级的防控阶段进展，兽医机构能力也必须相应加强。

然而，对渐进式加强兽医机构的评估/监测以及对小反刍兽疫的预防与控制是通过使用两种不同的评价/监测工具实施的，分别是世界动物卫生组织兽医机构效能评估工具和小反刍兽疫监控评估工具。虽然合并这两种工具并不被认为是有必要的，但兽医机构评估/监测与小反刍兽疫控制将同时进行，依照世界动物卫生组织全球跨境动物疫病防控框架全球控制策略关于主要跨境动物疫病的规定，世界动物卫生组织兽医机构效能评估工具关键能力的进展水平将被视为进入更高级阶段的相关重要条件（因为大部分关键能力针对的是阶段3的水平）。

每一阶段的关键能力及其针对的进展水平已全部整合为小反刍兽疫监控评估工具调查问卷中的具体问题（见对应的每一结果）。小反刍兽疫全球策略四个阶段与世界动物卫生组织兽医机构效能评估工具关键能力（以及要达到的进展水平）的对应关系见附件3.3末的总表。

总的来说，小反刍兽疫全球策略与世界动物卫生组织标准之间的关系如图4-3-3所示。

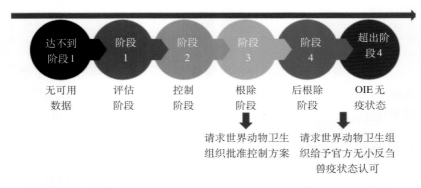

图4-3-3　防控PPR所需的支持条件随着防控水平逐渐达到OIE标准

2 阶段式进展

每一阶段都以以下要点为特征：

>进入该阶段的最低要求。

>关键重点。

>与五个技术要素相关的结果。

>主要活动。

>绩效指标和目标。

>调查问卷。

>年度小反刍兽疫路线图表格（下一年度）。

>作为支持环境一部分的与每一结果相关的世界动物卫生组织兽医机构效能评估工具指示性关键能力。

2.1 概述

图4-3-4展示了全球策略各阶段的特征。

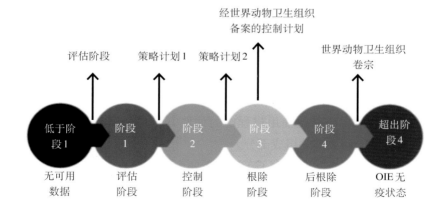

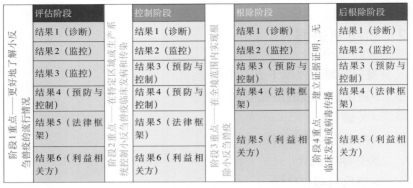

图4-3-4　小反刍兽疫全球策略及主要特征概览

2.2 小反刍兽疫监控评估工具调查问卷

小反刍兽疫监控评估工具调查问卷（问卷结构符合逻辑框架）由一系列问题组成，从而实现对以下方面的评估：

由于小反刍兽疫全球策略规定的具体活动，使得每一阶段的预期进展已完全达到、部分达到或尚未达到（一个或多个活动产生某一特定进展），相关绩效指标和目标在大多数情形下已有规定。

进入下一阶段的最低要求已满足与否（"前进通道"）。此时的问卷上，只需回答"是/否"即可，问题与最低要求相关。只有对所有问题回答"是"时，才能进入下一个阶段。

注意：小反刍兽疫全球策略相关表格中已列出各种结果/活动。绩效指标定义及使用过程中的评估方法是小反刍兽疫监控评估工具重要而关键的组成部分。

因此，调查问卷是为了实现以下两个目的。

①评估：认证一国是否处于渐进式控制与根除小反刍兽疫的某一阶段的资格。

②监测：监测某一特定阶段内取得的进展，并提供指示性活动清单，以供来年实施年度小反刍兽疫路线图。

问卷包括的问题与小反刍兽疫预防、控制与根除的具体活动以及支持环境（兽医机构质量）有关。只有对这些问题（见问卷中淡黄色部分）选择"全达到"，才能进入下一个阶段。因此，策略文件（进入阶段2需要的基于风险的控制策略和进入阶段3需要的全国根除策略）必须考虑到如何及时解决这些问题。

如何填写调查问卷？

>小反刍兽疫监控评估工具的监控部分的填写见图4-3-5：对于世界动物卫生组织兽医机构效能评估工具关键能力来说，"全达到"是指有关能力的进展水平为3或更高（大多数情形下参考附件3.3末的"PPR各阶段与OIE、PVS工具关键能力（进展水平）对照表"），有关结果可从世界动物卫生组织为一国出具的兽医机构效能评估工具报告中找到。如果一国未申请世界动物卫生组织

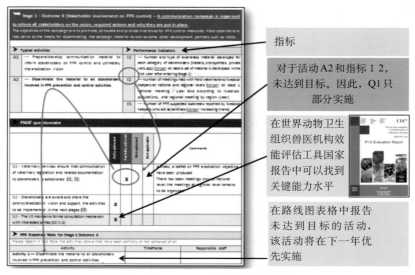

图4-3-5　PMAT调查问卷的填写

进行兽医机构效能评估任务，或者早在三年前或更早的时候已经执行了该任务，则建议该国向世界动物卫生组织申请开展兽医机构效能评估首次任务或后续评估任务。

>小反刍兽疫监控评估工具的评估部分的填写见图4-3-6：一国是否能够进入更高级阶段的判断标准是该国是否已实现上一阶段小反刍兽疫监控评估工具指出的所有结果以及与下一阶段相关的具体最低要求（例如，制定进入阶段2需要的基于风险的控制策略）。

PMAT questionnaire to enter Stage 2 ('Entrance Gateway')		Yes	No	Comments
Q1	- All activities of Stage 1 are successfully completed		x	Activities A1 (outcome 1), A1 (outcome 2), A2 and A3 (outcome 3) and A1 (outcome 6) are not fully implemented
Q2	- A comprehensive Report is produced capturing the findings of Stage 1	x		
Q3	- A comprehensive risk-based Control Strategy (CS1) is developed		x	A first draft has been produced but is noy final yet
Q4	*- The country participates in the annual Regional PPR roadmap meetings**	x		
Q5	*– The countries does annual self-assessment of the PPR control progress using the PMAT tool**	x		
Q6	*– An annual PPR roadmap is formulated following the results of the PPR assessments**	x		

**(in grey colour) not mandatory but strongly encouraged*

要进入下一阶段，所有强制性要求（Q1、Q2和Q3）必须都达到。在这个例子中，并非如此，因此，该国不能进入阶段2（如果是外部评估，可授予该国临时地位1或2，直至其提交所有文件且所有文件合规）

图4-3-6　如何完成PMAT问卷从而进入下一阶段（“进入通道”）

确定一国进入哪一个具体阶段的工作由区域咨询小组（RAG）在年度小反刍兽疫区域路线图会议上通过世界动物卫生组织兽医机构效能评估工具机制完成（参考小反刍兽疫全球策略第三部分“2.监测与评估”的内容）。

区域咨询小组由至少三名首席兽医官（CVO）组成。首席兽医官每两年由路线图成员国提名产生。此外，区域咨询小组成员还包括一名实验室专家和一名流行病学专家，分别负责协调区域实验室网络事务和区域流行病学网络事务。区域咨询小组的主要任务是对处于最恰当阶段的路线图成员国进行评估，使其具有资格。这一任务由世界动物卫生组织兽医机构效能评估工具小反刍兽疫工作小组协助完成。确定在某一特定阶段是否具有相应资格的程序总结如下。

①召开区域路线图会议之前，小反刍兽疫监控评估工具调查问卷发送至相关路线图成员国。路线图成员国通过填写问卷自行评估并主张其应处于小反刍兽疫全球策略哪一阶段。

②所主张的阶段需要有证据支持。提出阶段主张的成员国逐个受邀在区域会议上做支持其阶段主张的陈述。

③如果一成员国小反刍兽疫监控评估工具调查问卷与其陈述中提供的数据出现差异，区域咨询小组和该成员国代表团会举行面谈会议，对差异进行进一步讨论。

④区域咨询小组依据上述步骤的结果确定相关成员国处于哪一阶段。

如果因区域咨询小组的评估结果与相关成员国主张阶段不一致而产生争议，可由独立专家访问该成员国，展开外部评估流程。

无法提供结构化信息的国家不具有进入下述四个阶段的资格。

2.3 进入渐进式方法——阶段1

最低要求：

>有经兽医部门批准的评估方案：从流行病学角度，对该国小反刍兽疫的现状、分布以及（可能的话）主要风险因素有更好的了解。评估方案的阶段目的、预期产出和相关活动可以直接从阶段1目标中提取形成。

＞该国承诺加入小反刍兽疫（次）区域路线图：评估方案的阶段目的、预期产出和相关活动可以直接从阶段1目标中提取形成。

进入阶段1的小反刍兽疫监控评估工具调查问卷（"进入通道"）		是	否
Q1	有经兽医部门批准的评估方案		
Q2	指定小反刍兽疫国家路线图联系人		

▰▰▰▰ 阶段1——评估阶段

2.3.1 阶段1的流行病学形势

对于进入小反刍兽疫控制与根除渐进式方法的国家，在阶段1的初期，该国准确的流行病学形势一无所知或知之甚少。小反刍兽疫很可能已经发生了，但由于监控条件差，实验室诊断能力弱，造成疫情未能发现上报。在这种情况下，就缺少关于小反刍兽疫现状和分布的结构化信息，导致可能无法开展有效的控制活动。[1]

阶段1的后期，将依据以下两方面得知流行病学形势：（a）通过临床表现判断是否发生疫病；（b）根据诊断检测确认是否存在感染。从而可以得出以下结论：该国似乎不存在小反刍兽疫，可以/不可以达到"历史无疫"的标准（见OIE《陆生动物卫生法

---

[1] 当一国理应不存在小反刍兽疫或已知不存在小反刍兽疫，即使该国没有现成的小反刍兽疫流行病学监控具体方案，该国也处于阶段3或者阶段4。此时，目标是提供无小反刍兽疫证明文件，并将卷宗提交世界动物卫生组织。这样，根据世界动物卫生组织《陆生动物卫生法典》第1.6章和第14.7章规定，就有可能取得官方认可的无小反刍兽疫地位。根据世界动物卫生组织《陆生动物卫生法典》第1.4.6条规定，以历史为依据准备申请无小反刍兽疫地位的国家需要达到世界动物卫生组织有关标准，但可以没有针对小反刍兽疫的监控。

典》第1.4.6条）；或者，该国发生小反刍兽疫流行（全面流行/局部流行）。

2.3.2 阶段1的重点：更好地了解小反刍兽疫的流行状况

阶段1的主要目标是掌握有关要素以更好地了解一国的小反刍兽疫的流行状况（或无疫状况），其在不同的农业生产体系中的分布情况，以及其对这些体系的最终影响。掌握这些信息是决定下一步工作的必要条件：要区分该国开展相关活动时的最初目标是仅在特定环节或地区实施根除措施，还是容忍小反刍兽疫病毒仍在其他环节/地区传播，还是决定在全国范围内根除小反刍兽疫，这一点很重要。这一评估过程也可能会证明该国无小反刍兽疫，如果这样，那么该国可直接进入阶段4，即向OIE申请无小反刍兽疫官方认证。

阶段1持续时间建议：1 ~ 3年。为使控制活动尽快开展起来，持续时间应当相对较短（1年），但为了进行恰当的评估，持续时间又应足够长，这是控制策略的依据。

2.3.3 阶段1的关键进展

阶段1——进展1（诊断体系）——该国建立了实验室诊断能力，因为（进展1.a）该国已确定并具备至少一个国家实验室，通过使用ELISA技术进行抗原和抗体检测，提供诊断服务，或因为（进展1.b）该国把该等实验室服务外包。无论是哪种情况，都可保证实验室服务。如果是1.b，则该国家实验室PPR诊断能力将在阶段1和阶段2得到渐进式提高。			
	进展1.a的主要活动		指标
A1[*]	对全国现有备选实验室设施进行评估，指定国家实验室，负责检测临床样本 这一过程应确定至少一家实验室作为牵头的国家PPR实验室	I 1[**]	PPR控制与根除计划所有参与国的经相关专家访问和评估的设施数量（目标：进入阶段1后的前12个月内，中央实验室或省级实验室的所有现有备选设施均已被访问并评估）

A1		I 2	经评估有资格成为牵头实验室的指定实验室的数量[目标：参与PPR控制与根除计划的每一个国家把其中一个实验室指定为国家中央实验室，把其他质量控制实验室指定为省级实验室（评估后3个月内完成）]
A2	对全国现有实验室设施进行评估，指定外围实验室，在样本送往指定牵头实验室之前对样本进行接收和准备	I 3	该国经访问和评估的现有设施的数量（目标：进入阶段1后的前3个月内，至少访问并评估70%的现有设施，以指定外围实验室）
		I 4	由该国组织确定的经评估有资格成为指定外围部门的设施数量；外围部门将由中央实验室、省级实验室或区域兽医机构负责（目标：根据该国行政组织和家畜种群，每一级区域行政层面（例如，省级、部门级、地区级），至少指定1个或若干个外围部门）
A3	建立（或检验）用于抗原抗体检测的ELISA实验程序，对实验室员工进行操作培训	I 5	国家中央实验室和最终省级实验室接受ELISA检测技术培训的实验室员工数量（目标：进入阶段1后的前12个月内所有将参与抗原抗体检测的实验室员工都已接受培训）
A4	培训外围实验室员工：在小反刍兽疫样本送往牵头实验室进行检测前如何对样本进行操作	I 6	接受小反刍兽疫临床样本恰当操作培训和最终接受基础级别诊断技术培训的外围实验室员工数量（目标：进入阶段1后的12个月内，70%员工接受培训；2年内，全部接受培训）
A5	检测样本（使用基本的血清学检测技术），并做记录（如果实验室已开展活动）	I 7	牵头实验室以确诊为目的（即临床暴发）对样本接收到样本检测的时间安排（目标：5个工作日）

A5	检测样本（使用基本的血清学检测技术），并做记录（如果实验室已开展活动）	I 8	国家中央实验室和省级实验室以血清学调查为目的对样本接收到样本检测的时间安排以及整个调查完成后的时间安排（目标：90个工作日）
		I 9	以确诊为目的向外围实验室提交样本，到国家中央实验室和/或区域实验室检测的时间安排（目标：最多10天）
		I 10	需要重复的检测环节数量在检测环节总数中所占的百分比（目标：在12个月的周期内不超过10%）
A6	设计实验室信息及管理系统——如果还没有的话	X	没有具体指标

小反刍兽疫监控评估工具调查问卷					
		全达到	部分达到	未达到	适用	备注
Q1	该国已建立小反刍兽疫实验室网络结构[A1-I 1, I 2; A2-I 3, I 4]					
Q2	实验室工作人员已取得恰当操作临床样本并进行小反刍兽疫诊断的必要技能[A3-I 5; A4-I 6]					
Q3	小反刍兽疫实验室网络正按照既定质量和及时性标准程序提供检测结果 [A5-I 7, I 8, I 9, I 10]					
Q4	来自该国所有区域（有小反刍兽存在）的样本已全部检测 [A2-I 4; A4-I 6]					
Q5	对国民经济具有重要影响的重大人畜共患病和疫病，兽医机构可以使用实验室取得正确诊断[CC II .1.A等级2]					

Q6	国家实验室基础设施总体上满足兽医机构的需要。资源管理和组织管理似乎有效且高效，但用于支持基础设施可持续性和常规维护的资金不足且不稳定					

阶段1进展1.a的小反刍兽疫路线图表格		
请在此表中报告上述活动中部分达到或尚未达到的内容		
活动	时间表	责任人
活动1		
活动2		
活动3		

进展1.b的主要活动		指标	
A1	就如何处理临床样本制定标准操作程序（如果没有的话）	I 1	接受临床样本恰当处理及运输培训的国家中央实验室、省级实验室以及外围部门的员工数量（目标：进入阶段1后的24个月内所有员工接受培训）
A2	对所有参与临床样本接收的员工就所接收临床样本的接收、记录、处理、包装和运输进行培训		
A3	收集并将样本运输至世界动物卫生组织或联合国粮食及农业组织的参考实验室	I 2	从接收的样本中运走的样本数量（目标：全部样本）
		I 3	从接收样本到样本运至将把样本运至国外的部门所需要的平均时间（目标：5个工作日）
		I 4	从运输出境到从国外实验室收到结果所需要的平均时间（TAT）（目标：2周）

		全达到	部分达到	未达到	适用	备注
	小反刍兽疫监控评估工具调查问卷					
Q1	使用外包能力实施小反刍兽疫诊断，并对参与样本处理的部门网络有综合描述[A1-Ⅰ1]					
Q2	样本从临床到国外的区域/国际实验室的过程中得到恰当处理[A1-Ⅰ1; A2-Ⅰ1; A3-Ⅰ2, Ⅰ3, Ⅰ4]					
Q3	来自该国所有（有小反刍兽存在的）地区的样本都已检测[A3-Ⅰ2]					
Q4	对国民经济具有重要影响的重大人畜共患病和疫病，兽医机构可以使用实验室取得正确诊断[CCⅡ.1.A 等级2]					
	阶段1进展1.b的小反刍兽疫路线图表格					
	请在此表中报告上述活动中部分达到或尚未达到的内容					

活动	时间表	责任人
活动1		
活动2		

阶段1——进展2（监控体系）——逐步建立监控体系；但这一阶段的监控应当是积极且充分实施的，并有助于了解PPR被传入的可能途径及其造成的影响。

监测/监控体系将包括基于临床、流行病学、血清学等调查和/或参与式疫病监控（PDS）或其他一些方法而实施的临床具体干预和调研。对可能出现的病例进行病例定义（作为建立报告体系和培训临床兽医的依据）。

	主要活动		指标
A1	建立/设计并实施综合监测/监控体系（包括主动部分和被动部分）	I 1	经培训执行主动监控的临床兽医的数量[目标：在每一行政层面（省级、部门级、区级等）根据家畜种群至少培训一名兽医]
A2	为监控体系每一部分（持续调查或临时调查）制定有关程序以及数据登记格式		无具体指标
A3	按照评估后测评表，将本阶段的临床和（可能的）社会经济影响量化。为此目的，对临床确诊的暴发情况进行视察	I 2	临床确诊暴发中经评价后视察的数量（目标：75%）
		I 3	临床确诊暴发地理分布图（目标：至少一张全年图）
A4	设计（也可能在本阶段已实施）信息系统，支持监控活动（监控体系的每一部分和子部分都应通过信息系统管理）	I 4	所收集的血清样本分布图（如果要求进行血清学调查）、数量和检测结果（过去12个月的）（目标：至少一张全年图）
A5	对中央级别和外围级别的兽医官员进行价值链和风险分析培训	I 5	经过价值链和风险分析培训的中央级别和地区级别（省级、部门级、区级……）兽医的数量（目标：进入阶段1后的12个月内，75%员工已接受培训，2年内所有员工已接受培训）
A6	（兽医机构）使用价值链原则和风险分析原则，确认风险热点和传播途径	II 6	兽医机构就价值链利益相关者确认及参与所组织的会议数量。应可以通过会议纪要获取举行了会议的证据。（目标：国家级会议至少一年一次，如果有可能，在最初两年，每一区域级别兽医机构举行一次会议）

小反刍兽疫监控评估工具调查问卷		全达到	部分达到	未达到	适用	备注
Q1	通过监控体系被动部分和主动部分（主要部分）的实施以及附加调查，对全国畜种的小反刍兽疫病毒动力学有了很好的了解[A1-Ⅰ1; A2-X; A3-Ⅰ2, Ⅰ3; A4-Ⅰ4]					
Q2	通过价值链研究和风险分析研究，对热点和传播途径有了很好的了解，达到了可以对其有针对性地进行缓解的程度（是执行基于风险的策略性计划从而进入阶段2的依据）[A5-Ⅰ5; A6-Ⅰ6]					
Q3	在评估后走访，从发病率/死亡率和社会经济影响两方面考察小反刍兽疫造成的影响[A3-Ⅰ2, Ⅰ3]					
Q5	务实、知识和态度较好的兽医通常可以承担兽医机构所有的专业/技术活动（例如，血清学监控、预警、公共卫生等）[CCⅠ.2.A 等级3]					
Q6	兽医机构可以每年对继续教育（CE）进行审查并做必要更新，但继续教育的实施只面向相关员工中的部分群体[CCⅠ.3 等级3]					

Q7	兽医机构进行数据编制和保存，并有能力进行风险分析。大部分风险管理措施基于风险评价[CCⅡ.3 等级3]				
Q8	兽医机构按照科学原则和世界动物卫生组织标准对部分有关疫病和所有疑似种群进行积极监控，并定期更新，系统报告结果[CCⅡ.5.B 等级3]				

阶段1进展2的小反刍兽疫路线图表格

请在此表中报告上述活动中部分达到或尚未达到的内容

活动	时间表	责任人
活动1		
活动2		
活动3		

阶段1——进展3（监控体系）——临床兽医将卫生事件与PPR进行关联的能力得到提高。

在全国范围渐进式组织布局较好的临床兽医网络，并对临床兽医进行PPR识别与差异诊断教育，是必要方面，从而可以获取可能与PPR疑似案例的案例定义匹配的临床事件，并确保此类案例得到进一步充分调查。

主要活动		指标	
A1	培训临床兽医提高小反刍兽疫意识及差异诊断能力（培训还应涉及对样本进行恰当的收集、储存和送交至最近接收点，以及避免对检测结果的潜在破坏）	Ⅰ1	经过小反刍兽疫诊断（包括差异诊断）培训的临床兽医数量（目标：进入阶段1后的前12个月每一区域级别（省级、部门级、区级），根据家畜种群，至少已有一名兽医接受培训）
		Ⅰ2	兽医发现的小反刍兽疫疑似病例数量（目标：进入阶段1后的第一年的增长趋势）

| A2 | 为在偏远地区安置个体兽医提供激励，从而获取小反刍兽疫临床事件 | Ｉ3 | 偏远地区从事小反刍兽疫防控活动的新增个体兽医数量［目标：根据家畜种群，每一区域级别（省级、部门级、区级）至少新增一名至若干名兽医行医］ |
| | | Ｉ4 | 临床兽医与农场主之间的最远距离（目标：农牧及混作生产系统几千米至25千米，农牧/游牧生产系统25～50千米） |

小反刍兽疫监控评估工具调查问卷		全达到	部分达到	未达到	适用	备注
Q1	为了在国家层面保持专业知识，小反刍兽疫在兽医教育课程和培训方案（专业教育和继续教育）里占据一定位置[A1-Ｉ1，Ｉ2]					
Q2	临床兽医网络覆盖全国，任何小反刍兽疫临床暴发（或疑似病例）均可由临床兽医于次日进行调查[A2-Ｉ3，Ｉ4]					
Q3	兽医机构的公共部门为某些任务制订委任/授权/指派方案，但这些方案没有进行常规审查[CCⅢ.4 等级3]					
Q4	兽医法定机构（VSB）管理兽医行业所有相关领域的兽医，并采取纪律性措施[CCⅢ.5.A等级3]					
Q5	兽医法定机构是独立的代表组织，具有落实其所有目标的功能[CCⅢ.5.B 等级3]					

阶段1进展3的小反刍兽疫路线图表格		
请在此表中报告上述活动中部分达到或尚未达到的内容		
活动	时间表	责任人
活动1		
活动2		
活动3		

阶段1——进展4（预防与控制体系）——成立小反刍兽疫国家委员会协调与小反刍兽疫预防与控制措施有关的所有活动。

小反刍兽疫国家委员会应由中央兽医机构领导，包括其他涉及小反刍兽疫控制（环境、内务等）的部门代表以及私人兽医（兽医法定机构和兽医协会）与小反刍兽生产涉及的所有参与者。

阶段1对官方预防活动没有预期。

	主要活动		指标
A1	确定小反刍兽疫国家委员会运行机制及任务	X	无具体指标
A2	组织小反刍兽疫国家委员会会议，准备会议报告	I 1	小反刍兽疫国家委员会举行的会议次数（目标：至少每年举行一次会议）
A3	为（适合本阶段的）反应机制制定/设计并实施标准操作程序，以应对疑似/确诊暴发。为了该程序的充分实施，有必要准备宣传推广材料并分发给家畜养殖户（见阶段进展6）	I 2	出现小反刍兽疫临床疑似病例或临床确诊病例后，反应机制就绪所需要的天数（目标：不超过10天）

小反刍兽疫监控评估工具调查问卷					
	全达到	部分达到	未达到	适用	备注
Q1 小反刍兽疫国家委员会已成立，且可以证明，该委员会就小反刍兽疫控制/根除中长期计划做出了相关决定[A1-X; A2- I 1]					

Q2	小反刍兽疫疑似暴发与确诊暴发的视察机制与程序已就绪，并可以保证采取后续行动不会致使家畜养殖户的报告积极性受到打击[A3-Ⅰ2]			

阶段1进展4的小反刍兽疫路线图表格		
请在此表中报告上述活动中部分达到或尚未达到的内容		
活动	时间表	责任人
活动1		
活动2		

阶段1——进展5（法律框架）——法律框架在本阶段得到改善，从而确保兽医机构有权采取行动，这也是后续阶段所需要的；尤其是，家畜小反刍兽疫属于法定报告疫病，野生动物疑似／确诊小反刍兽疫病例也要向兽医主管部门报告。

	主要活动		绩效指标
A1	（国家小反刍兽疫委员会）成立专门的工作小组（由主管部门、法律专家和利益相关方组成），就兽医立法在小反刍兽疫应对方面的空白进行评价	Ⅰ1	过去12个月工作小组就立法问题举行的会议次数（目标：进入阶段1后的第一年至少举行一次）
		Ⅰ2	工作小组审议的利益相关方提出的意见/关注的数量（目标：会议期间或会后，对利益相关方提出的所有意见进行口头回应，并有75%进行了书面回复）
A2	（工作小组）提出有利于小反刍兽疫高效预防与控制的具体修正案，对法律框架进行更新	Ⅰ3	更新小反刍兽疫法律框架所提出的修正案数量（目标：由于要视现有法律框架具体情况而定，因此无总体目标或具体目标）

		全达到	部分达到	未达到	适用	备注
	小反刍兽疫监控评估工具调查问卷					
Q1	小反刍兽疫法律框架制定/更新过程中，与小反刍兽领域利益相关者进行磋商[A1-Ⅰ1，Ⅰ2；A2-Ⅰ3]					
Q2	小反刍兽疫法律框架制定/更新过程中，结合世界动物卫生组织小反刍兽疫国际标准（以及监控、报告、认证等方面的横向标准）[A2-Ⅰ3]					
Q3	法律框架为兽医机构完成阶段1预计的活动（与小反刍兽疫有关的流行病学数据的收集、传输和利用）提供总体依据[A2-Ⅰ3]					
Q4	法律框架为兽医主管部门委托私人兽医执行与小反刍兽疫官方活动（例如，疫苗免疫）有关的具体任务提供可能性[A2-Ⅰ3]					
Q5	兽医机构有权力有能力参与国家立法和法规的筹备工作，且在部分领域具有充分的内部质量和外部质量，但缺少在所有领域常规性参与国家立法和法规制定的规范的方法体系[CC Ⅳ.1 等级3]					

阶段1进展5的小反刍兽疫路线图表格		
请在此表中报告上述活动中部分达到或尚未达到的内容		
活动	时间表	责任人
活动1		
活动2		
活动3		

阶段1——进展6（利益相关方参与PPR控制）——组织交流活动，使所有利益相关方了解有关设想、要求采取的行动和利益相关方参与的原因。

活动的目标是为PPR控制措施的实施起到宣传、刺激和激励的作用。可以通过临床兽医以及非政府组织等其他发展伙伴分发活动材料。

	主要活动		绩效指标
A1	准备/开发交流材料，用于使利益相关方了解PPR控制并最终根除的设想	I1	为每一类利益相关方（贸易商、运输方、私人兽医等）开发的宣传材料的数量和类型。目标：进入阶段1后的第一年至少开发一套材料
A2	向PPR预防与控制活动涉及的所有利益相关方分发活动材料	I2	与临床兽医/家畜养殖户召开的国家级和地区级会议的数量。目标：根据家畜种群，每年至少召开一次国家级会议；根据地区划分，每年至少召开一次地区级会议
		I3	担当监控任务的家畜养殖户报告的PPR疑似暴发数量。目标：增长趋势

小反刍兽疫监控评估工具调查问卷					
		全达到	部分达到	未达到	适用	备注
Q1	兽医机构确保完成向利益相关方传达兽医立法和有关文件[A1-I1；A2-I2]					

| Q2 | 利益相关方对小反刍兽疫控制/根除设想形成共识，并支持后续阶段要执行的活动[A2-Ⅰ3] | | | | | |
| Q3 | 兽医机构维持规范的与利益相关方进行磋商的机制[CC Ⅲ.2 等级3] | | | | | |

阶段1进展6的小反刍兽疫路线图表格

请在此表中报告上述活动中部分达到或尚未达到的内容

活动	时间表	责任人
活动1		
活动2		
活动3		

* A表示"活动"。

** Ⅰ表示"指标"。

2.4 进入阶段2的小反刍兽疫监控评估工具调查问卷（"前进"通道）

进入阶段2的小反刍兽疫监控评估工具调查问卷（"进入通道"）	是	否	备注
Q1 成功完了阶段1的所有活动			
Q2 完成了综合报告，对阶段1的调查结果进行了描述			
Q3 制定了基于风险的全面控制策略（CS1）			
Q4 该国参与了年度区域小反刍兽疫路线图会议*			
Q5 该国使用小反刍兽疫监控评估工具对小反刍兽疫控制进展进行年度自行评估*			
Q6 根据小反刍兽疫评估结果制定小反刍兽疫年度路线图*			

注：*（灰色部分）非强制性，但强烈鼓励。

2.5 从阶段1进入阶段2

最低要求：

（1）成功完成了阶段1的所有活动。

（2）编制完成了综合报告，对阶段1的调查结果进行了描述。该报告应包括：

①确定"热点"地区并绘制出相应的地图。热点地区是由PPR高影响区、高风险传播（传出）区或常规传入途径等综合确定的。

②发现了小反刍兽疫病毒存在的风险因子和后续风险路径。

③针对小反刍动物领域进行了详细的价值链分析。

（3）根据第一阶段的进展情况，制定了基于风险的全面控制策略，这一策略应涵盖小反刍兽疫全球策略的第一至第三部分的内容。

阶段2——控制阶段

2.5.1 阶段2的流行病学形势

第一阶段的所有活动表明，小反刍兽疫在该国广泛传播或呈地方性流行，小反刍兽疫病毒处于持续传播状态。然而，流行病学调查结果也会表明，一国不同的区域或生产系统，小反刍兽疫流行、暴发及其社会经济影响会有不同，以及该国可能存在高风险区（"热点"）。在某些情况下，即使小反刍兽疫不严重，也应当根据生产环节和市场情况确定需要采取预防与控制措施的区域或生产系统。掌握流行病学信息可以确定应优先采取控制活动的区域或生产系统。

2.5.2 阶段2的重点

控制小反刍兽疫临床病例和特定区域或生产系统的感染情况

已制定基于风险的控制策略，并根据阶段1的进展情况，在确定的区域或生产体系予以实施。然而，如果在非目标区域或生产系统出现任何新的小反刍兽疫流行病学事件，那么可将阶段2的控制活动延伸覆盖到这一区域或生产系统。

控制阶段将主要开展有针对性的疫苗免疫计划，旨在控制疫病，这意味着有可能在目标种群中根除PPR病毒，但并没有要求在全国范围内根除PPR。

阶段2持续时间建议：平均3年（2～5年）。

2.5.3 阶段2的主要进展

阶段2——进展1（诊断系统）——因为现在正在解决已确认的可能存在的短板，所以实验室诊断系统以更高水平的效率运转。另外，通过引入分子生物学技术可获取临床病毒分离毒株的特征描述，进一步改进实验室诊断系统。

前提假设是分子流行病学可以为PPR的分布和传播路径提供更多的洞察力。

如果该办法不可行，还可以与国际参考实验室建立联系，将代表性样本送至国际参考实验室。

通过使区域实验室网络中的一个或若干个国家级实验室参与进来，从而促进临床病毒分离物特征描述以及实验室能力升级。

主要活动		绩效指标	
A1	如果可以选择使用分子生物学检测，就对实验室员工进行分子生物学检测方法培训，并用分子生物学检测技术装备至少1个实验室	I 1	经实验室分子生物学技术培训的实验室员工数量。目标：每个实验室培训至少5名员工
		I 2	已装备并实施实验室生物分子诊断检测技术的国家级实验室数量。目标：每个国家至少有1个这样的实验室——外包更合适的情况除外
			如果选择将样本生物分子检测外包给国际参考实验室进行，应注明该实验室名称

A2	建立分子生物学检测标准操作程序，并定期更新	I 3	分子生物学检测标准操作程序（SOP）修订次数。目标：每年都对标准操作程序进行复审，且最后一次修订不超过12个月 如果选择将样本生物分子检测外包给国际参考实验室进行，则应已充分制定样本国际运输标准操作程序
		I 4	已执行检测样本数量占已提交检测样本数量的比率。目标：100%
A3	制定标准，明确能用于分子生物学检测的样本的条件	I 5	已制定相应标准，并将其应用于实验室的常规工作（本指标无具体目标）
A4	对提交上来的所有符合分子生物学检测标准的样本进行检测	I 6	已获取小反刍兽疫病毒特征描述的样本群所占的比例。目标：100%
A5	实验室积极参与由国际参考实验室或在区域网络中指定的牵头实验室开展的国际水平测试	I 7	水平测试的执行数量。目标：每年对区域网络进行至少1次测试，且对实验室确认的各种问题全部进行调查并解决

小反刍兽疫监控评估工具调查问卷					
		全达到	部分达到	未达到	适用	备注
Q1	该国有能力按照国际实验室标准进行分子生物学检测[A1- I 1, I 2; A2- I 3, I 4; A3- I 5]					
Q2	对小反刍兽疫病毒株在该国的传播和分布有充分的了解[A4- I 6; A5- I 7]					

Q3	实验室信息及管理系统是小反刍兽疫实验室网络产生的中央数据库，发挥数据管理及控制工具的作用；该系统还负责生成实验室管理报告以及传播小反刍兽疫信息（Ⅰ6）				

阶段2进展1小反刍兽疫路线图表格		
请在此表中报告上述活动中部分达到或尚未达到的内容		
活动	时间表	责任人
活动1		
活动2		
活动3		

阶段2——进展2（监控体系）——进一步强化监控体系，特别是被动监控部分，从而捕捉任何可能与小反刍兽疫有关的事件。

该体系本阶段新增加的部分，即：（a）屠宰场和市场被动监控；（b）通过与野生动物／环境／狩猎组织主管部门进行外部功能协调，对野生动物实施被动监控（一些野生动物可以起到哨兵指示作用，提示小反刍家畜的小反刍兽疫的溢出效应）；（c）参与（次）区域流行病学监控网络（如果有的话）。

主要活动		绩效指标	
A1	在屠宰场培训监督员，增强其小反刍兽疫及其鉴别诊断意识（培训内容还应包含收集、存储并就近向指定地点提交检测样本的适当条件，以及如何避免对检测结果的潜在破坏）	Ⅰ1	在屠宰场工作的经过小反刍兽疫临床及鉴别诊断培训的兽医数量。目标：75%在屠宰场工作的兽医已接受小反刍兽疫培训和再培训，且距最后一次培训未超过12个月，距所有兽医最后一次培训未超过2年

A1	在屠宰场培训监督员，增强其小反刍兽疫及其鉴别诊断意识（培训内容还应包含收集、存储并就近向指定地点提交检测样本的适当条件，以及如何避免对检测结果的潜在破坏）	I 2	向实验室提交检测的源自屠宰场的样本数量。目标：对屠宰场宰前宰后检验的75%的疑似病例提取样本（从发现病变的动物提取的组织样本）进行小反刍兽疫诊断
A2	设计程序，改善与环保部门及其他野生动物管理组织的外部协调（尤其是改善野生动物小反刍兽疫病例报告）	I 3	从猎杀或自然死亡野生动物收集的疑似病例临床样本数量。目标：对50%的出现可能与小反刍兽疫有关的症状且属于疑似小反刍兽疫病例的自然死亡的野生动物尸体进行取样并进行小反刍兽疫检测
A3	组织猎户进行提高小反刍兽疫意识宣传活动	I 4	为提高野生动物小反刍兽疫意识而与猎户代表举行的会议数量。目标：与猎户举行一次全国会议，并最终举行区域会议
A4	参加区域流行病学监控网络活动（如果有的话）；向该网络适当提供有关数据	I 5	向指定区域数据中心发送可供区域网络内分享的协议数据的次数。目标：根据协议安排，始终可以传输数据

小反刍兽疫监控评估工具调查问卷					
	全达到	部分达到	未达到	适用	备注
Q1　全国范围内的屠宰场网络（以及屠宰设备）充分投入国家监控体系的被动部分 [A1- I 1, I 2]					
Q2　现有国家监控体系能够捕捉野生动物小反刍兽疫事件（为可能发生的源自小反刍家畜的小反刍兽疫溢出效应提供很好的提示）[A2- I 3; A3- I 4]					

Q3	有野生动物疑似小反刍兽疫病例清单，以及有针对野生动物疑似小反刍兽疫的病例定义[A2-Ⅰ3]				
Q4	该国通过积极参与区域流行病学监控网络（如果有的话）充分受益[A4-Ⅰ5]				
Q5	对兽医辅助人员培训标准统一，使能够培养基础专业技能[CC Ⅰ.2.B 等级3]				
Q6	兽医机构依照世界动物组织标准在临床通过恰当的网络对某些相关疫病实施被动监控，通过该办法收集疑似病例样本并送交实验室诊断，并有证据证明获取了正确结果。兽医机构有基本的全国疫病报告制度[CCⅡ.5.B 等级3]				
Q7	依照关于面向出口以及面向国内与当地市场的屠宰场的国际标准，实施宰前检验和宰后检验以及疫病信息收集（与按要求应进行的协调工作）[CC Ⅱ.12 等级4]				
Q8	部分活动和/或领域有规范的外部协调机制，对程序或约定有明确描述[CC Ⅰ.6.B 等级3]				

阶段2进展2的小反刍兽疫路线图表格

请在此表中报告上述活动中部分达到或尚未达到的内容

活动	时间表	责任人
活动1		
活动2		
活动3		

政府已决定给目标区域或亚种群拨出部分财政资源用于小反刍兽疫疫苗免疫计划（其他区域的疫苗免疫可能仍由个人发起）。阶段2中的疫苗免疫目标区域或亚种群可能逐渐发生变化，特别是随着在初始目标区域之外发现临床暴发以及持续结合现有监测系统的结果。

	主要活动		绩效指标
A1	制定/设计临床疫苗免疫程序（根据该国采取的策略）；为此目的，小反刍兽疫国家委员会指定专门工作小组	I 1	工作小组会议次数。目标：进入阶段2后的第一年至少2次
A2	培训临床疫苗免疫小组	I 2	参与临床疫苗免疫操作的经过培训的临床兽医的数量。目标：所有参与的临床兽医全部经过培训
A3	实施临床疫苗免疫（根据该国采取的策略）	I 3	疫苗免疫中等覆盖。目标：疫苗免疫活动开始后的60天内至少对35%的应免动物进行疫苗免疫（这即构成预设的最终70%疫苗免疫覆盖率的50%）
		I 4	最终疫苗免疫覆盖率。目标：每次活动均有不少于70%应免动物接受疫苗免疫 备注：疫苗免疫覆盖率是用目标区域/领域内接受疫苗免疫动物数量与符合疫苗免疫要求的动物数量的比例
A4	收集疫苗免疫计划结果评估数据，进行疫苗免疫后评估（PVE），并据此监测整个疫苗免疫链	I 5	实施的疫苗免疫后评估数量（例如，将已接受疫苗免疫小反刍兽种群中小反刍兽疫临床病例的比例作为疫苗免疫有效性指标，即该国已接受疫苗免疫种群病例数量与该国病例总数的比例）。目标：每年一次简化的疫苗免疫后评估和重大事件的综合性疫苗免疫评估，例如，当预计一国将从某一阶段进入更高阶段（见附件3.4疫苗免疫后评估描述）

A4	收集疫苗免疫计划结果评估数据，进行疫苗免疫后评估（PVE），并据此监测整个疫苗免疫链	Ⅰ6	对疫苗投送系统中每一投送点使用温度登记卡。目标：冷链温度始终保持在2～8℃。对冷链故障管理的具体程序必须被纳入冷链监测系统
		Ⅰ7	产生免疫应答，即产生保护性血清学滴度动物数量与实际接受疫苗免疫动物数量的比例。目标：小反刍兽疫疫苗免疫后第21天或第28天至少应有80%产生被认为是保护性的血清学滴度

小反刍兽疫监控评估工具调查问卷						
		全达到	部分达到	未达到	适用	备注
Q1	根据基于风险的控制策略实施小反刍兽疫疫苗免疫活动[A1-Ⅰ1; A2-Ⅰ2; A3-Ⅰ3, Ⅰ4]					
Q2	对疫苗投送体系实施常规监测，如有必要，可以立即采取改正行动[A4-Ⅰ5, Ⅰ6]					
Q3	所使用的疫苗符合世界动物卫生组织质量要求[A1-Ⅰ1]					
Q4	大部分兽医和其他专业职位由具备合适资质的人员担任[CC Ⅰ.1.A 等级3]					
Q5	大部分技术职位由具备合适资质的人员担任[CC Ⅰ.1.B 等级3]					
Q6	有内部协调机制，部分活动具有明确而有效的指挥链[CC Ⅰ.6.A 等级3]					
Q7	兽医机构在国家、地区和部分当地拥有合适的物质资源，废旧物品维护和更换只是偶尔发生[CC Ⅰ.7 等级3]					

Q8	新活动或扩展活动的资金视具体情况而定，并非始终依据风险分析和/或成本效益分析[CC .8 等级4]					
Q9	兽医机构针对某些疫病和/或在某些区域实施预防、控制或根除计划，并对执行效果和效率进行科学评估[CCⅡ.7等级3]					
Q10	兽医机构已实施生物安全措施，如有必要，使其能够为动物和动物产品选择性建立并维持无疫病区[CC Ⅳ.7等级3]					

阶段2进展3的小反刍兽疫路线图表格

请在此表中报告上述活动中部分达到或尚未达到的内容

活动	时间表	责任人
活动1		
活动2		
活动3		

阶段2——进展4（预防与控制体系）——附加措施就绪，确保疫苗免疫活动取得成功。

①对所有暴发进行调查是为了：（a）清楚了解疫苗免疫覆盖领域／区域可能观察到临床暴发的原因，对决定是否需要扩展疫苗免疫领域／区域（如果是这种情况，将仅限于阶段1指出的范围）起到辅助作用。

②控制动物移动（本阶段是指国内移动），确保因疫苗免疫活动造成的两个健康状况不同的亚种群保持分离；然而有些国家可能做不到对动物移动进行高效管理。在这种情况下，可行的办法是管理好传入的免疫动物（或将要免疫的动物），它们来自正在实施针对性疫苗免疫的领域／区域。

主要活动		绩效指标	
A1	设计疫情调查表，核对以下信息：（a）病毒传入疫区的可能的日期；（b）可能的传入途径；（c）潜在扩散	X	无具体指标

A2	对所有发现的/报告的疫情进行调查，无论是在疫苗免疫领域/区域之内还是之外	Ⅰ1	已调查的小反刍兽疫临床疫情数量。目标：75%小反刍兽疫疫情已被调查
		Ⅰ2	以暴发调查为目的的从确诊到首次视察所需要的平均天数。目标：从确诊到首次流行病学问询视察不超过1周
A3	与其他有关机构（尤其是公安部门）密切协作，对疫苗免疫/非疫苗免疫领域/区域间实施移动控制	Ⅰ3	对当地公安部门进行动物移动控制培训的次数。目标：根据家畜种群和移动重要性，至少进行一次全国性培训，并适当进行区域性的其他可能的培训 注意事项：实施移动控制属于兽医机构的责任，但当移动控制含有有关法规文本规定的限制性措施时，如果没有提出特别指示的话，移动控制将由公安部门参与执行。然而，应有有力的外部协调，使兽医机构可以对公安部门实施的小反刍兽移动控制活动进行监督

小反刍兽疫监控评估工具调查问卷					
	全达到	部分达到	未达到	适用	备注
Q1 经小反刍兽疫临床暴发系统调查，对小反刍兽疫流行病学形势有了进一步认识[A1-X; A2-Ⅰ1, Ⅰ2]					
Q2 结合小反刍兽疫临床暴发系统调查，疫苗免疫措施得到了进一步加强[A2-Ⅰ1, Ⅰ2]					
Q3 小反刍动物非控制移动未对阶段2控制措施的有效性造成影响[A3-Ⅰ3, Ⅰ4]					

Q4	兽医机构对记录和存档程序进行常规分析，提高效率和效果[CCⅠ.11 等级 4]				

阶段2进展4的小反刍兽疫路线图表格		
请在此表中报告上述活动中部分达到或尚未达到的内容		
活动	时间表	责任人
活动1		
活动2		
活动3		

阶段2——进展5（法律框架）——法律框架充分支持阶段2预计的控制与预防活动。

	主要活动		绩效指标
A1	组织专门工作小组会议（兽医机构、其他主管部门和利益相关方参加），以更好地了解控制措施对利益相关方的影响（包括财政方面），并更新立法框架，以支持临床控制活动	Ⅰ1	兽医机构发布的支持临床控制活动的小反刍兽疫专门法令的数量（未设定具体目标）
A2	提出有利于高效实施小反刍兽疫预防与控制的具体修正案，更新法律框架	Ⅰ2	提交关于更新法律框架的建议数量（无具体目标）

小反刍兽疫监控评估工具调查问卷					
		全达到	部分达到	未达到	适用	备注
Q1	已对控制措施的影响进行了评估[A1-Ⅰ1]					
Q2	法律框架包括关于实施阶段3预计的控制措施的必要规定（特别是对该国或该区域的绵羊和山羊进行强制性疫苗免疫）[A2-Ⅰ2]					

Q3	法律框架对小反刍兽疫控制措施的资金情况做出规定，例如运行费用[A1-Ⅰ1]				
Q4	法律框架明确兽医及其助理在小反刍兽疫预防与控制措施方面的特权[A2-Ⅰ2]				
Q5	兽医立法被广泛实施。兽医机构有权根据需要对大部分相关活动领域内的不合规行为采取法律行动/提起指控[CC Ⅳ.2 等级3]				

阶段2进展5的小反刍兽疫路线图表格		
请在此表中报告上述活动中部分达到或尚未达到的内容		
活动	时间表	责任人
活动1		
活动2		
活动3		

阶段2——进展6（利益相关方参与）——利益相关方充分参与阶段2预计的控制工作。

这主要是指利益相关方：（a）促进疫苗免疫活动，例如聚集并控制动物；（b）遵守该国移动限制规定；（c）确保向兽医机构早期报告疑似临床暴发情况。本阶段，早期报告疑似临床暴发情况（尤其是在疫苗免疫目标区域或生产系统内）对调整已经正在实施的控制措施是至关重要的。

	主要活动		绩效指标
A1	制作并散发宣传资料，提高家畜养殖户的相关意识，从而促进疑似病例的报告	Ⅰ1	印刷并散发的宣传资料数量（未设定具体标准）
A2	制作宣传资料，对所有利益相关方就控制小反刍兽疫的必要性进行解释和说服（宣传）工作，特别是对农户	Ⅰ2	与家畜养殖户组织宣传性会议的次数。目标：根据小反刍兽种群，每年至少一次全国会议，有可能的话，每年一次地区会议（省级、部门级、区级……）

A3	与在该领域积极性较高的家畜养殖户及其合伙人（非政府组织等）组织会议	Ｉ3	过去12个月与家畜养殖户举行的会议次数。目标：根据小反刍兽种群，每年至少一次全国会议，有可能的话，每年一次地区会议（省级、部门级、区级……）
A4	如果确定野生动物存在有待解决的问题，组织有野生动物专家和其他利益相关方（例如猎户）参加的会议	Ｉ4	与野生动物专家和利益相关方就解决与野生动物有关的问题而举行的会议次数。目标：根据小反刍兽种群，每年至少一次全国会议，有可能的话，每年一次地区会议（省级、部门级、区级……）

小反刍兽疫监控评估工具调查问卷					
	全达到	部分达到	未达到	适用	备注
Q1 家畜养殖户和其他参与者（护林员等）在早期发现到小反刍兽疫临床暴发充分起到预警作用[A1-Ｉ1；A3-Ｉ3；A4-Ｉ4]					
Q2 家畜养殖户积极参与阶段2预计的控制措施的实施[A2-Ｉ2；A3-Ｉ3]					
Q3 兽医机构确保小反刍兽疫法律框架和有关文件传达到位，使各利益相关方积极参与[A1-Ｉ1；A2-Ｉ2；A3-Ｉ3；A4-Ｉ4]					
Q4 兽医机构交流联络点提供有关活动和计划方案的最新信息，可以通过互联网和其他恰当渠道获取[CC Ⅲ.1 等级4]					

阶段2进展6的小反刍兽疫路线图表格		
请在此表中报告上述活动中部分达到或尚未达到的内容		
活动	时间表	责任人
活动1		
活动2		
活动3		

2.6 进入阶段3的小反刍兽疫监控评估工具调查问卷（"前进通道"）

进入阶段3的小反刍兽疫监控评估工具调查问卷 （"进入通道"）	是	否	备注
Q1	已完成阶段2的所有活动			
Q2	制定了基于风险的控制策略（CS1）			
Q3	该国参加年度区域小反刍兽疫路线图会议*			
Q4	该国使用小反刍兽疫监控评估工具对小反刍兽疫控制进展进行年度自行评估*			
Q5	根据小反刍兽疫评估结果制定小反刍兽疫年度路线图*			

注：*（灰色部分）非强制性，但强烈鼓励。

2.7 从阶段2进入阶段3

最低要求：

①已成功完成阶段2的所有活动。

②根据小反刍兽疫全球策略制定了全国根除策略。

注意事项：根除策略是对阶段1结束时制定的控制策略的延续和强化，但更为积极，旨在根除全境（或全区）内的小反刍兽疫。

阶段3——根除阶段

2.7.1 阶段3的流行病学形势

在阶段3起始阶段，那些在阶段2实施免疫计划的畜群应无小反刍兽疫临床病例。对于免疫计划未覆盖的畜群，可能有3种情况：（a）无小反刍兽疫病毒传播；（b）只有零星病例出现（因为该计划预期对周围区域未免疫疫苗动物产生间接预防效应）；（c）仍呈地方流行状态（但对社会经济影响小，否则相关畜群应纳入阶段2的免疫计划）。对于后两种情况，需要采取强有力的控制措施。对于第一种情况，需要具备强有力的预防措施和应急反应能力。

在阶段3结束时，实现全境没有临床病例，检测结果显示在家畜和野生动物中无小反刍兽疫病毒流行。

2.7.2 阶段3的重点：实现一国境内根除小反刍兽疫

一国具有继续推进根除计划的能力和资源。至于是否将免疫范围扩展到阶段2未包括的其他生产系统或区域，是否采取以不免疫为基础的根除策略，都要根据阶段2的评估结果确定。向根除方向迈进可能意味着一国将具有更充足的能力和资源实施更积极的控制策略，阻止病毒在那些可能发生疫情的场所流行。

在本阶段，对任何可能与小反刍兽疫病毒相关的动物卫生事件都要迅速开展检测、上报，并采取适当的控制措施。如果某区域或生产系统出现新的小反刍兽疫病毒传入风险，则应通过监控体系和流行病学分析予以识别和确认，并应快速采取恰当措施以降低传入风险。

阶段3持续时间建议：平均3年（2～5年）。

2.7.3 阶段3的主要进展

阶段3——进展1（诊断体系）——实验室开始建立实验室质量保证体系。实验室至少维持与上一阶段相同水平的活动，同时，实施质量保证，至少兽医机构使用的所有实验室如此。并与国家参考实验室保持密切联系。

	主要活动		绩效指标
A1	在该国中央实验室及其分支机构（或有关官方行政附属机构）或构成实验室网络的有关架构（地区实验室及最终的"外围部门"）实施质量控制制度	I 1	质量保证标准操作程序的复审及更新频率。目标：至少每年一次，且最后一次修改，不管何时做出，至今不超过2年
A2	实施抵押程序，确保所有参与小反刍兽疫诊断的实验室按照质量保证程序采购试剂库存、实验室装置、设备等	I 2	已发现短板的标准操作程序的比例。目标：低于25%

小反刍兽疫监控评估工具调查问卷					
	全达到	部分达到	未达到	适用	备注
Q1 已建立小反刍兽疫实验室活动质量控制体系，覆盖该国整个实验室网络[A1-I 1]					
Q2 对诊断实验室实施的质量控制体系进行常规审计（注意事项：该办法在一些没有独立评价机构的发展中国家可能不可行。在这种情况下，该审计可以由区域实验室网络内部执行）[A1-I 1; A2-I 2]					
Q3 实施的质量保证体系充分确保进行的小反刍兽疫（及其他小反刍兽疫病）诊断检测的可靠性[A1-I 1; A2-I 2]					

| Q4 | 公共兽医机构使用的部分实验室正在使用规范的质量保证体系[CC Ⅱ.2 等级2] | | | | | |

阶段3进展1的小反刍兽疫路线图表格

请在此表中报告上述活动中部分达到或尚未达到的内容

活动	时间表	责任人
活动1		
活动2		
活动3		

阶段3——进展2（监控体系）——监控体系已进一步更新，包括了专门解决预警问题的部分。

监控体系按照之前阶段的办法继续运行，但除此之外，监控体系的敏感度在阶段3得到提升：（a）本阶段对周边国家的情况（或可能携带病毒的动物／货物出口国情况）进行常规性收集；（b）可能针对特定亚群（尚未接受疫苗免疫的新生群体）或牛采取高分辨率监控，将其作为病毒传播的替代性指标；（c）增加野生动物病例检测活动。

主要活动		绩效指标	
A1	建立程序，在周边国家或动物出口国捕捉小反刍兽疫卫生事件（应由在阶段1确定的执行定性风险评估的小组执行该工作）	I1	执行的进口风险评估的数量。目标：根据需要，确定频次
A2	针对可能捕捉到的小反刍兽疫卫生事件且误解最小的亚种群或次区域设计并实施监控	I2	列入高分辨率监控的亚种群以及预计出现负面结果区域的经过检测的样本数量及类型。目标：通过监控至少发现10%的疫病，且对兽群的敏感度为95%
		I3	考虑进入阶段4之前的12个月内，发现的小反刍兽疫临床暴发数量。目标：零暴发

A3	加强从野生动物和其他疑似物种收集血清学监控数据	I4	过去12个月，从野生动物或从用作病毒传播替代性指标的物种（即大型反刍兽）收集并检测的样本数量。目标：通过监控至少发现20%的疫病/传染，且对兽群的敏感度为95%

小反刍兽疫监控评估工具调查问卷

		全达到	部分达到	未达到	适用	备注
Q1	国家监控体系已进一步增强，以应对从国外传入小反刍兽疫的风险[A1-Ⅰ1]					
Q2	国家监控体系已进一步增强，以发现家畜和野生动物（疑似物种）小反刍兽疫临床暴发和病毒传播[A1-Ⅰ1; A2-Ⅰ2, Ⅰ3]					
Q3	对包括野生动物在内的其他疑似物种进行的调查目前正在改善监控体系信息的水平和质量[A3-Ⅰ4]					

阶段3进展2的小反刍兽疫路线图表格

请在此表中报告上述活动中部分达到或尚未达到的内容

活动	时间表	责任人
活动1		
活动2		
活动3		

阶段3——进展3（预防与控制体系）——正在实施更加积极的控制策略，旨在根除，并可能有扑杀政策（如果可行）支持（结合补偿计划）。

有可能全区或全国疫苗免疫计划或针对性疫苗免疫计划将作为更加积极的控制策略的一部分予以实施。无论是实施哪种计划，控制政策均预期实现根除。根据阶段2疫苗免疫[疫苗免疫后评估（PVE）]和持续监控制订疫苗免疫计划。

如果发生第二种情况，则实施紧急准备和应急响应计划，有可能结合扑杀政策，从而立即控制疫区小反刍兽疫临床暴发，并缩短兽群感染期。

鼓励养殖户强化农场生物安全措施（如果采取扑杀政策，该措施可能与补偿水平相关）。同时，加强活畜市场的生物安全。

主要活动		绩效指标	
A1	依据持续监测结果和阶段2结果评估，在仍存在病毒传播的地区（无论是已实施疫苗免疫地区还是未实施疫苗免疫地区）实施疫苗免疫活动。对所有已免疫疫苗动物将同时进行确认	I 1	中度疫苗免疫覆盖。目标：疫苗免疫活动开始后的60天内至少35%应免动物已免疫疫苗（即所预期的最终70%疫苗免疫覆盖率的50%）
		I 2	最终疫苗免疫覆盖率。目标：每次活动不少于75%应免动物免疫疫苗 备注：疫苗免疫覆盖率=目标区域/领域，已免疫疫苗动物数量/应免疫疫苗动物数量
A2	对活动和疫苗免疫后评估进行监控，收集数据，从而对疫苗免疫计划结果进行评估，并据此对整个疫苗免疫链进行监测	I 3	实施的疫苗免疫后评估数量（例如，将已接受疫苗免疫小反刍兽种群中小反刍兽疫临床病例的比例作为疫苗免疫有效性指标，即该国已接受疫苗免疫种群病例数量与该国病例总数的比例）。目标：每年一次疫苗免疫后简化评估和一次重大事件的综合评估，例如，当预计一国将从某一阶段进入更高阶段（见附件3.4免疫后评估方法）

A2	对活动和疫苗免疫后评估进行监控，收集数据，从而对疫苗免疫计划结果进行评估，并据此对整个疫苗免疫链进行监测	I 4	对疫苗投送系统中每一投送点使用温度登记卡。目标：冷链温度始终保持在2～8℃。对冷链故障管理的具体程序必须被纳入冷链监测系统
		15	疫苗免疫扩展区域/领域的免疫应答，即产生保护性血清学滴度动物数量与实际接受疫苗免疫动物数量的比例。目标：小反刍兽疫疫苗免疫后第21天或第28天，至少应有80%产生被认为是保护性的血清学滴度
A3	针对第二种情况制订应急计划，并经兽医机构正式批准。小反刍兽疫国家委员会将指派专家小组（如需要，可由国际专家提供支持）制订该应急计划	I 6	该专家小组为制订该应急计划而召开的会议次数。目标：进入阶段3后第一年至少2次
A4	通过现场模拟演练，测试该应急计划的正确应用，并将此作为高度保持应急响应意识的活动的一部分	I 7	在已确认清除小反刍兽疫病毒区域进行现场模拟演练的次数。目标：在每个已确认清除小反刍兽疫病毒区域至少进行一次模拟演练
A5	一经发现疑似病例，立即采取初步预防措施（如果该暴发未被确认，则撤销初步预防措施；如果该暴发被确认，则立即采取后续措施）	I 8	从报告病例之日到兽医主管部门通知采取预防措施所需要的平均时间。目标：从养殖户报告疑似病例到通知采取预防措施的时间不应超过3天
A6	一旦确认暴发，立即采取措施控制病毒扩散（应由该国选择采取动物移动限制措施、扑杀措施、紧急疫苗免疫措施，或综合采取以上三种措施）	I 9	从确认之日到采取控制措施之日的平均时间。目标：从确认之日起，不超过3天

A7	设计并实施临床程序，规范结束暴发事件，撤销正在实施的限制措施（由小反刍兽疫国家委员会执行）	I 10	此活动未设具体指标
A8	（自愿）依照世界动物卫生组织《陆生动物卫生法典》（第1.6和第14.7章）规定，向世界动物卫生组织提交一份国家控制计划，由其正式批准	I 11	此活动未设具体指标

小反刍兽疫监控评估工具调查问卷

		全达到	部分达到	未达到	适用	备注
Q1	经疫苗免疫后评估，有证据证明疫苗免疫扩展计划有效[A1- I 1，I 2; A2- I 3，I 4]					
Q2	任何新增小反刍兽疫临床暴发（无论是疑似还是确诊）均得到及时而恰当的管理[A3- I 6; A4- I 7; A5- I 8; A6- I 9; A7- I 10]					
Q3	在积极的控制策略指导下采取了生物安全措施					

阶段3进展3的小反刍兽疫路线图表格

请在此表中报告上述活动中部分达到或尚未达到的内容

活动	时间表	责任人
活动1		
活动2		
活动3		

阶段3——进展4（法律框架）——兽医立法明确包含以下规定：（a）对因疫病控制目的而遭扑杀的小反刍兽进行补偿（在扑杀被作为控制政策之一的情况下）；（b）改善活畜市场和农场的生物安全，恰当执行小反刍兽疫法律框架。

实施小反刍动物识别系统，是提高其可追溯性并加强移动控制的有效手段。

主要活动		绩效指标	
A1	制定程序，对因疫病控制目的而遭扑杀的动物的养殖户予以补偿（小反刍兽疫国家委员会可以指定专门工作小组制定该程序）	Ⅰ1	专门工作小组就补偿问题召开的会议次数。目标：进入阶段3后第一年至少召开2次会议
A2	对如何改善活畜市场和农场生物安全以及生物安全如何影响利益相关方进行研究（小反刍兽疫国家委员会可以指定专门工作小组进行研究）	Ⅰ2	专门工作小组就活畜市场和农场生物安全问题举行的会议次数。目标：进入阶段3后第一年至少召开2次会议
A3	对实施动物识别系统进行可行性研究（小反刍兽疫国家委员会可以指定专门工作小组进行研究）	Ⅰ3	专门工作小组就动物识别问题举行的会议次数。目标：进入阶段3后第一年至少召开2次会议
A4	就现有法律框架更新提出有利于支持阶段4预计的新控制措施（补偿计划、生物安全、动物识别）的具体修正案。另外，要包括关于中止/停止疫苗免疫的法律规定	Ⅰ4	提交的建议数量（无具体目标）

小反刍兽疫监控评估工具调查问卷					
	全达到	部分达到	未达到	适用	备注
Q1 小反刍兽养殖户获得了因官方小反刍兽疫控制目的而扑杀其任何动物所做的适当补偿[A1-Ⅰ1; A4, Ⅰ4]					
Q2 小反刍兽在农场和活畜市场的活动控制被规范管理并执行[A4-Ⅰ4]					

Q3	小反刍兽国家识别系统已实施，并至少可以将已免疫疫苗动物与未免疫疫苗动物区分开[A3-Ⅰ3; A4-Ⅰ4]					
Q4	积极控制策略目前充分结合生物安全措施应用[A2-Ⅰ2]					
Q5	兽医机构依照有关国际标准，按照疫病控制要求，对动物识别实施程序，对具体动物亚种群采取移动控制[CC 12.A 等级3]					

阶段3进展4的小反刍兽疫路线图表格

请在此表中报告上述活动中部分达到或尚未达到的内容

活动	时间表	责任人
活动1		
活动2		
活动3		

阶段3——进展5（利益相关方参与）——积极与利益相关方协商补偿安排，并使其参与对其动物进行识别。

利益相关方的参与在本阶段是必要条件。与之前阶段一样，有充分证据证明，利益相关方已适当参与分享控制计划整体结果，并已被纳入进入根除阶段的决策流程。

主要活动		绩效指标	
A1	（由小反刍兽疫国家委员会）建立专门程序，处理由利益相关方特定小组就可能影响其商业活动的小反刍兽疫控制/根除事项提出的问题	Ⅰ1	小反刍兽疫国家委员会收到的由利益相关方特定个人或小组提出的请求数量（未设定具体目标）
A2	（由小反刍兽疫国家委员会，有可能的话）处理利益相关方提出的具体请求（在工作小组的支持下）	Ⅰ2	根据小反刍兽疫国家委员会要求，对利益相关方提出的具体请求做出回应的平均时间。目标：从请求之日到回应之日，不应超过3个月

A3	当该国处于在全国范围内努力实现根除的阶段时，散发宣传资料，利用媒体和其他口头方式，组织专门会议，旨在使包括在该领域积极性较高的发展伙伴（例如非政府组织）在内的所有利益相关方了解最新情况，确保其充分而持续地给予支持	I 3	为利益相关方召开的会议次数。目标：根据小反刍兽疫种群，每年至少一次全国会议，以后可能的话，加上一次地区会议（省级、部门级、区级……）

小反刍兽疫监控评估工具调查问卷		全达到	部分达到	未达到	适用	备注
Q1	利益相关方参与根除过程达到最佳状态[A1- I 1；A2- I 2]					
Q2	国家根除策略的交流部分得到充分落实[A1- I 1；A2- I 2；A3 – I 3]					

阶段3进展5的小反刍兽疫路线图表格		
请在此表中报告上述活动中部分达到或尚未达到的内容		
活动	时间表	责任人
活动1		
活动2		
活动3		

2.8 进入阶段4的小反刍兽疫监控评估工具调查问卷（"前进通道"）

进入阶段3的小反刍兽疫监控评估工具调查问卷（"进入通道"）		是	否	备注
Q1	已成功完成阶段3的所有活动			

Q2	已中止使用疫苗，且过去12个月未发现有临床暴发出现			
Q3	该国参加年度区域小反刍兽疫路线图会议*			
Q4	该国使用小反刍兽疫监控评估工具进行小反刍兽疫控制进展年度自我评估*			

注：＊（灰色部分）非强制性，但强烈鼓励。

2.9 从阶段3进入阶段4

最低要求：

①已成功完成阶段3的所有活动。

②已暂停使用疫苗，且过去12个月未出现临床病例暴发。

阶段4——后根除阶段

2.9.1 阶段4的流行病学形势

应有足够证据证明一国境内或区域内已经没有小反刍兽疫病毒流行。小反刍兽疫发生率很低（几乎为0），仅限于偶尔来自其他国家的传入。

值得注意的是，认可是否进入第四阶段是与PPR易感畜群的卫生状况直接相关的（与前三个阶段不同）。

注意事项：根据OIE《陆生动物卫生法典》，小反刍兽疫被定义为"家养绵羊和山羊感染小反刍兽疫病毒"（第14.7章）。因此，官方无疫状况的认可只考虑家畜。

2.9.2 阶段4的重点

建立证据证明，暂停疫苗免疫后（进入阶段4后）至少12个月内未发生临床疫病，无病毒传播。

进入阶段4意味着，该国将准备开始开展一系列活动，以获得无小反刍兽疫的官方认可。

在阶段4，根除和预防措施是基于对任何新增疫情的早期发现、上报、应急反应和应急预案。这个阶段无须进行疫苗免疫。如果需要进行紧急免疫，则该国或该疫苗区域的防控等级将自动降到阶段3。

2.9.3 阶段4的主要进展

阶段4——进展1（诊断体系）——实验室开展的诊断活动，保持与小反刍兽疫诊断同等能力和绩效的同时，已得到进一步扩展，包括了可能与小反刍兽疫进行鉴别诊断的所有疫病。另外，在兽医机构的监督下，对所有包含临床小反刍兽疫的材料进行分离，封存在界线清楚的安全地点，以免因意外或故意操作导致小反刍兽疫再次暴发。			
	主要活动		绩效指标
A1	制作（并保持更新）流程图，说明如何处理疑似小反刍兽疫以及（疑似撤销后）将对其他哪些疫病进行调查	I1	向实验室提交的疑似样本数量，从而排除在未发现临床暴发的12个月期间有小反刍兽疫病毒出现。目标：无目标，因为这取决于该国其他小反刍兽动物疫病有关的形势
A2	对实验室员工进行小反刍兽疫鉴别诊断培训	I2	通过对有小反刍兽疫发生地区病例样本的发生原因进行具体识别，对疫情进行排查分析的次数。目标：至少90%疑似小反刍兽疫成为实验室诊断调查对象

A3	对所有含有小反刍兽疫病毒的材料进行识别、登记和核对，并确定恰当地点对其进行安全隔离封存（以便将来可能将其销毁）	I 3	可以存放包含临床小反刍兽疫病毒材料的地点数量。目标：根据该国大小，每个国家不超过1个这样的的地点
		I 4	为核查隔离封存点生物安全措施是否充分而对该等地点进行现场检查的次数。目标：每年至少对每一地点进行一次现场检查

小反刍兽疫监控评估工具调查问卷

		全达到	部分达到	未达到	适用	备注
Q1	该国出现的大部分小反刍兽疫病可以通过国家实验室网络进行诊断[A1-I1；A2-I2]					
Q2	对临床小反刍兽疫病毒的意外或故意不当使用风险最小化[A3-I3, I4]					

阶段4进展1的小反刍兽疫路线图表格

请在此表中报告上述活动中部分达到或尚未达到的内容

活动	时间表	责任人
活动1		
活动2		
活动3		

阶段4——进展2（监控体系）——监控体系按照上一阶段办法继续运行，并重点监控风险更高的种群。

监控体系足够活跃，可以识别任何动物表现出的小反刍兽疫症状，从而确定如何跟进并调查以便确认或排除是小反刍兽疫造成的。

可以对疑似病例进行范围更宽的案例定义，从而能够捕捉卫生事件并迅速控制可能导致小反刍兽疫的卫生事件。

	主要活动		绩效指标
A1	对临床兽医组织多期培训，使其充分意识到本国目前处于根除阶段	I 1	经告知并培训的临床兽医的数量。目标：进入阶段4后2年内所有临床兽医
A2	（可以按照世界动物卫生组织规定的无小反刍兽疫官方认可程序，通过血清学方法，针对疫苗免疫停止后新出生的动物群体）设计并实施专门研究，旨在证明，中止疫苗免疫后出生的动物群体尚不存在面临小反刍兽疫病毒的风险	I 2	采集并经检测的新生小反刍兽样本数量。目标：符合世界动物卫生组织无小反刍兽疫地位官方要求
A3	警报发出后，如果与之有关，对高风险动物群体实施附加临床检查和血清学检测，例如与小反刍兽疫感染国相邻的动物群体	I 3	警报发出后执行的调查次数。目标：90%警报有后续调查跟进

小反刍兽疫监控评估工具调查问卷					
	全达到	部分达到	未达到	适用	备注
Q1 国家监控体系能够捕捉任何小反刍兽疫疑似种群（家畜和野生动物）发生的任何小反刍兽疫事件；疑似野生物种可以起到家绵羊和家山羊小反刍兽疫病毒溢出的预警作用[A1- I 1]					
Q2 国家监控体系可以提供证据证明该国不存在小反刍兽疫（疫病和传染）[A2- I 2；A3- I 3]					

Q3	该国依照OIE《陆生动物卫生法典》于（确诊后）24小时之内向世界动物卫生组织报告小反刍兽疫流行形势的任何变化或其他任何与小反刍兽疫有关的重要事件			

阶段4进展2的小反刍兽疫路线图表格

请在此表中报告上述活动中部分达到或尚未达到的内容

活动	时间表	责任人
活动1		
活动2		
活动3		

阶段4——进展3（预防与控制体系）——实施严格的预防性措施，维持阶段3最后阶段取得的无小反刍兽疫暴发的成果，并预防任何再次传入；如果小反刍兽疫暴发，立即实施应急程序。

在本阶段，任何小反刍兽疫实际暴发均视为紧急情况，进而立即启动（阶段3制订的）应急计划，尽快根除病毒。

边境实施严格的移动控制和检疫措施。无论何时，只要出现可能破坏无小反刍兽疫地位的新的要素，就要进行常规性风险分析。如果出现最不利的情况，可以实施紧急疫苗免疫计划（同时可以结合扑杀政策，也可以不结合），但这会使该国或该疫苗免疫区域自动降至阶段3。

主要活动		绩效指标	
A1	如果暴发，执行应急计划规定内容	I 1	经确诊后，控制小反刍兽疫临床暴发所需的天数。目标：少于1周
		I 2	小反刍兽疫二次暴发次数。目标：零二次暴发
A2	在边境加强与海关机构的协调，优化边境管制	I 3	就协调边境管理组织的共同培训计划数量。目标：该国每一边境检查岗至少有1名兽医和1名海关官员参加过边境协同管理培训

A3	进行常规性分线分析	Ｉ4	就小反刍兽疫进行的风险分析次数。目标：根据需要，确定频次
A4	（自愿）根据OIE《陆生动物卫生法典》第1.6和第14.7章规定，向世界动物卫生组织提交卷宗，请求给予无小反刍兽疫官方认可地位		无具体指标

小反刍兽疫监控评估工具调查问卷						
		全达到	部分达到	未达到	适用	备注
Q1	实施快速反应，预防发生任何小反刍兽疫二次暴发（一级预防）[A1-Ｉ1]					
Q2	对小反刍兽疫传入风险已做充分的特征描述和处理（二级预防）[A2-Ｉ2; A3-Ｉ3]					
Q3	小反刍兽疫疫苗使用仅限于小反刍兽疫确诊疫情紧急管理，且须经兽医机构授权（特别需要注意，小反刍兽疫疫苗不用于动物种群预防其他麻疹病毒感染）[A1-Ｉ1]					
Q4	兽医机构能够根据国际标准建立并应用检疫及边境安全程序，但该程序未系统解决与非法进口动物及动物制品有关活动的问题[CCⅡ.4 等级3]					
Q5	兽医机构有既定程序就是否存在紧急卫生事件及时作出决定。兽医机构有法律框架和财政支持，并通过指挥链对紧急卫生事件做出快速反应。兽医机构对部分外来疫病有国家应急计划，并对该计划进行常规性更新/测试[CCⅡ.6 等级4]					

阶段4进展3的小反刍兽疫路线图表格		
请在此表中报告上述活动中部分达到或尚未达到的内容		
活动	时间表	责任人
活动1		
活动2		
活动3		

阶段4——进展4（法律框架）——法律框架充分支持立即根除该国小反刍兽疫可能需要的积极措施。

需要对国家立法进行进一步完善，使之包含活畜进口保护措施，从而降低传入风险。

本阶段的法律框架审查可能要求与国际专家进行磋商，确保针对家畜及家畜制品（可能携带小反刍兽疫病毒）进口商的法律要求符合世界贸易组织《实施卫生与植物卫生措施协定》（如果该国是世界贸易组织成员的话）。

法律文本还将包含附加措施规定，特别是在无疫病地位的情况下（例如，根据世界动物卫生组织要求，建立隔离区）。

主要活动		绩效指标	
A1	更新法律框架，特别是，确保其包含阶段4预计的必要的预防及控制措施（尤其是旨在避免从国外传入小反刍兽疫病毒的措施）	I 1	所包含的修正案数量（无具体目标）

小反刍兽疫监控评估工具调查问卷					
		全达到	部分达到	未达到	适用	备注
Q1	法律框架包含具体的小反刍兽疫应急反应措施[A1- I 1]					
Q2	法律框架包含小反刍兽疫紧急拨款规定[A1- I 1]					
Q3	法律框架包含旨在避免进口可能携带小反刍兽疫病毒的活畜和商品的措施[A1- I 1]					

Q4	已做出拨款安排，且资源充足。但在紧急情况下，对其批准操作必须是通过非政治性流程完成，且必须根据每一案例的实际情况而定 [CC Ⅰ.9 等级4]				

阶段4进展4的小反刍兽疫路线图表格

请在此表中报告上述活动中部分达到或尚未达到的内容

活动	时间表	责任人
活动1		
活动2		
活动3		

阶段4——进展5（利益相关方参与）——利益相关方充分意识到该国卫生地位，并充分承诺，一旦发生紧急情况，立即予以协同。

本阶段的利益相关方参与不仅在上一结果提到的立法框架制定方面是必要的，而且在其他活动方面也是必要的。至关重要的一点是，一旦本阶段发生小反刍兽疫疑似事件，所有利益相关方要充分意识到这可能带来的后果，从而确保其充分予以协同。交流仍然是一个关键因素。

主要活动		绩效指标	
A1	组织利益相关方群体参加会议，使其熟悉该国地位，确保其建立任何小反刍兽疫疑似事件均视为紧急事件的意识	I 1	组织家畜养殖户参加防控意识宣传会议的次数。目标：进入阶段4后第一年，根据小反刍兽种群，每年至少一次全国会议，有可能的话，加上一次地区会议（省级、部门级、区级……）
A2	制作并散发宣传材料，使家畜养殖户和其他利益相关方保持充分意识	I 2	收到宣传资料的临床兽医单位数量。目标：所有临床兽医单位已收到宣传资料

小反刍兽疫监控评估工具调查问卷		全达到	部分达到	未达到	适用	备注
Q1	在小反刍兽领域经营的利益相关方充分参与该国无疫地位维护[A1- I 1; A2- I 2]					
Q2	兽医机构依照世界动物卫生组织（或世界贸易组织SPS协议委员会）制定的程序上报[CC IV.6 等级3]					

阶段4进展5的小反刍兽疫路线图表格		
请在此表中报告上述活动中部分达到或尚未达到的内容		
活动	时间表	责任人
活动1		
活动2		
活动3		

2.10 进入阶段4后续阶段

最低要求：

①完成阶段4所有活动。

②证据证明，连续24个月无家畜和野生动物发生临床疫病和病毒传播。

③按照OIE《陆生动物卫生法典》规定的要求，准备卷宗，申请认可无小反刍兽疫官方地位。

④一旦该国取得无小反刍兽疫官方认可，该国即离开路径。

3 附件 PPR各阶段与OIE、PVS工具关键能力（进展水平）对照表

关键能力 / PPR各阶段	阶段1（评估）	阶段2（控制）	阶段3（根除）	阶段4（后根除）
CC I.2.A 兽医专业技能	3			
CC I.3 继续教育（CE）	3			
CC II.1.A 兽医实验室诊断——兽医实验室诊断使用权	2			
CC II.1.B 兽医实验室诊断——国家实验室基础设施适宜性	3			
CC II.3 风险分析	3			
CC. II.5.B 流行病学监控与早期发现——积极流行病学监控	3			
CC III.2 与利益相关方进行磋商	3			
CC III.3 官方陈述	3			
CC III.4 委托/授权/指派	3			
CC III.5.A 兽医法定机构——权力	3			
CC III.5.B 兽医法定机构——能力	3			
CC IV.1 立法准备和法规	3			
CC I.1.A 兽医机构专业人员和技术人员配置——兽医及其他专业人员		3		
CC I.1.B 兽医机构专业人员和技术人员配置——兽医助理与其他技术人员		3		
CC I.2.B 兽医助理技能		3		

关键能力	PPR各阶段	阶段1（评估）	阶段2（控制）	阶段3（根除）	阶段4（后根除）
CC Ⅰ.6.A	兽医机构协调能力——内部协调（指挥链）		3		
CC Ⅰ.6.B	兽医机构协调能力——外部协调		3		
CC Ⅰ.7	物质资源		3		
CC Ⅰ.8	运营经费		4		
CC Ⅰ.11.	资源与运营管理		4		
CC.Ⅱ.5.A	流行病学监控与早期发现——被动流行病学监控		3		
CC Ⅱ.7	疫病预防、控制与根除		3		
CC Ⅱ.8.B	屠宰场与相关场所的宰前宰后检验		4		
CC Ⅱ.12.A	识别与可追溯性——动物识别与移动控制		3		
CC Ⅲ.1	交流宣传		4		
CC Ⅲ.6	生产者与其他利益相关方参与联合方案		3		
CC Ⅳ.2	落实立法与法规以及合规		3		
CC Ⅳ.7	区划		3		
CC Ⅱ.2	实验室质量体系			2	
CC Ⅱ.12.A	标识和可追溯性			3	
CC Ⅰ.9	应急资金				4

关键能力	PPR各阶段	阶段1（评估）	阶段2（控制）	阶段3（根除）	阶段4（后根除）
CC II.4	检疫与边境安全				3
CC II.6	应急响应				4
CC IV.6	透明度				3

附件3.4 免疫后评估工具

致　谢

本方法由FAO-OIE GF-TADs工作组Susanne Munsterman和Felix Njeumi，与来自CIRAD（法国农业发展研究中心，蒙彼利埃）的 Renaud Lancelot、Marisa Peyre和Fanny Bouyer，以及OIE(世界动物 卫生组织,巴黎）的Gregorio Torres合作编写，得到了世界动物卫 生组织马里代表处（OIE Bamako, Mali）Daniel Bourzat的支持，及 Joseph Domenech的总体指导。

1　引言

疫苗免疫是控制小反刍兽疫[peste des petits ruminants（PPR）]的 关键方法之一，是《全球跨境动物疫病防控框架》（GF-TADs）控制 和根除小反刍兽疫全球策略的阶段2和阶段3的主要选择。为了监测 疫苗免疫计划的有效性，需要考虑几个性能指标。其中一个就是疫苗效力，作为实施疫苗免疫计划后临床上动物是否得到很好保护的指标。免疫后评估（PVE）是进行此类评估的方法之一。

疫苗免疫计划的目的是促进疫病的控制（阶段2）或根除（阶段3）。在这两个阶段，对疫苗属性、疫苗投送和覆盖面和需要监控的免疫应答情况进行评估。

一些因素可能影响疫苗免疫计划的有效性。因此，有必要监测从疫苗生产（质量控制）直到在临床使用（包括冷链运输系统和储存）的过程。要识别沿线关键控制点（CCPs）以减少计划失误的风险。要对疫苗免疫计划事件全链条上关键控制点进行系统监控。

如果沿着关键控制点的所有步骤已经被正确实施，则可以认为疫苗免疫程序是投送有效的，并且预期实施免疫的目标动物群体会发生血清阳转，可在血清学测试中检测到抗体存在。

血清学是免疫后评估的主要方法之一；然而，小反刍动物生产的性质，特别是在广泛的畜牧系统中，需要结合血清学，例如参与式方法学或监测。

小反刍兽疫的免疫后评估是与《全球跨境动物疫病防控框架》（GF-TADs）策略并行的应对控制和根除小反刍兽疫的方法。

2 目的

免疫后评估可以有助于疫苗效力的整体评估，包括对疫苗属性、疫苗运送和疫苗免疫覆盖及对疫苗免疫的应答反应的评估。

3 疫苗效力

3.1 疫苗属性

有几种基于细胞培养减毒的同源小反刍兽疫疫苗可以使用。这些疫苗的制造和质量检验必须按照世界动物卫生组织《陆生动物疫病诊断和疫苗手册》第2.7.11章的规定进行，以保证疫苗的安全性、效能和效力。如果没有此保证，应在大规模使用之前对疫苗进行单独的质量控制。一些机构——如非洲的泛非洲兽医疫苗中心（PANVAC）[1]——有权实施此类疫苗的单独质量控制。

使用 Nigeria 75/1 疫苗菌株制备的商品化小反刍兽疫疫苗可至少产生2次免疫力，这对于小反刍动物的商业生命期来说几乎是终生的。这种特殊的疫苗属性是可以通过大规模使用疫苗来消除疫病（阶段3）的关键。

除了这些目前可用的不耐热疫苗之外，已经研发了耐热型小反刍兽疫疫苗，并且可以通过几个实验室生产；然而，它们尚未完全商业化，仍在进行一些应用研究来改善其耐热性。另外，已经明确了对能用于区分免疫动物和感染动物（DIVA）疫苗的需要。

3.2 疫苗运送

为了以良好的质量并足量将疫苗运送到现场，需要考虑几个因素，即冷链运输系统、疫苗瓶的尺寸、预估所需疫苗数量和实际免疫疫苗。

目前可商购的不耐热疫苗必须在低温下储存。这是大规模疫苗免疫计划成功实施面临的挑战之一。冻干疫苗在2～8℃下可以至少保持稳定2年，在−20℃下可以稳定若干年。冷链运输系统必须保证在不同输送阶段维持低温，从中央采购点到投送中心到现场的免疫员。一旦疫苗冻融，就需要尽快使用，并在稀释后不晚于30分钟内使用。

疫苗运送还包括不同疫苗免疫点的疫苗准确使用量的任务规

1　埃塞俄比亚，泛非洲兽医疫苗中心Debre Zeit。

划，以便为疫苗免疫人员提供足量的疫苗以实现所需的疫苗覆盖。需要考虑疫苗瓶尺寸和每个瓶中包含的疫苗剂量来减少成本和浪费，小农生产系统可能需要更小尺寸的瓶子，而大牧场则需要更大尺寸的瓶子。

考虑到小反刍动物有大约30%的快速更替率，这意味着对动物种群规模进行合理估计，是大多数发展中国家、偏远地区以及密集牧业畜牧系统面临的主要挑战。

3.3 疫苗覆盖率

疫苗覆盖率的信息用于多种目的：监控地方和国家级疫苗免疫机构效能，以确定可能需要的额外资源和集中关注的投送系统等薄弱领域，并最终提供反馈，指导疫病控制决策者。良好的疫苗覆盖是投送系统工作正确的结果。疫苗覆盖率可以从以下公式计算：

疫苗覆盖率＝免疫的动物数量/符合条件的免疫疫苗的动物数量

其中分母应反映确定的目标群体，即那些应进行疫苗免疫的目标群体。如果分母估算不正确，覆盖率估算也将不正确。估算小反刍动物群体的分母可能是困难的。

对于小反刍兽疫疫苗，假定正确使用了质量合格疫苗，那么动物将出现血清阳转并获得免疫。因此如果疫苗正确投送，疫苗免疫覆盖率可以代表群体免疫力。

在确定疫苗覆盖率时，需要考虑小反刍动物的补栏/更换，以及畜群通过生产和迁移引起的更替，上述情况下对动物的免疫覆盖率不应降低。虽然理想情况下目标群体中100%的动物应免疫疫苗，但对于小反刍兽疫，传统预期的疫苗免疫覆盖率为80%，这符合过去牛瘟根除时的假设。不管怎样，存在没有达到此免疫水平而消灭牛瘟病毒的多个实例。此外，没有科学出版物证明需要此类免疫水平来阻止小反刍兽疫病毒的存在和传播。相反，摩洛哥最近在消除PPR方面的经验表明，70%的免疫力足以消除病毒在该国的传播[1]。实践经验和建模工作表明，在临床条件下无法实现期望的80%免疫保护。因此，用于血清学调查的免疫后评估方法的设计和结果说明，是基于流行病学单元层面70%的免疫水平。

免疫后评估使用血清学方法，有助于确定期望群体的免疫维持阈值。

然而，由于免疫后评估除了疫苗免疫活动的费用外还需要预算，因此建议进行建模研究，以确定最有效的免疫频率和时间表，特别是产羔时节。

3.4 免疫活动

需要对人力、设备和投送需求进行全面规划。并不是所有情况下只需要公立兽医机构人员实施免疫活动就能满足需求。私人兽医执业人员和兽医专业人员也需要参与活动。他们投送疫苗免疫活动的能力已被认可，需要将其整合进来以接触小反刍动物家畜畜主。因此，需要加强公立和私营兽医机构之间的有效合作。

通过这种合作，可以实现更灵活的疫苗免疫办法，而不是单次的大规模活动。例如在接近畜主的战略地点储备疫苗，尽可能与其他手段、饲料或药物结合，以增加对兽医辅助专业人员的吸引力。这种整合办法还将有助于对青年畜群以及在有需要时进行再免疫。

根据既定国家所处的阶段，疫苗免疫可以是私人或公共主导，针对高风险地区或覆盖整个种群。这些方法的具体细节在小反刍兽疫监控和评估方法（PMAT）的各个阶段中进行了说明。

无论采用何种方法，我们的目标是疫苗免疫覆盖率至少能达

---

1 ONSSA(Office National de Sécurité Sanitaire des Produits Alimentaire, Direction des Services vétérinaires) 2009年疫苗免疫后监控显示，在覆盖全国95%的畜群的大规模疫苗免疫运动后，绵羊的保护水平达到66.8%，山羊的保护水平达到74.31% [EFSA Journal, 2015, 13(1)]。

到最小阈值，这应该在尽可能短的时间内实现。

在每个区域内有若干个小组负责疫苗免疫，建议至少一个小组应始终保持更为灵活的时间表以便处理紧急事件。这个小组将协助日常计划安排，但可以立即重新部署，在监测显示存在或怀疑有疫病的地方进行疫苗免疫，或者协助遇到比预期更大数量任务的其他小组。

3.5 免疫方案

疫苗免疫方案应考虑生产系统的类型、种群动态、产羔期和迁移模式。

为了该策略，在说明疫苗免疫方案时将提及三大生产系统：

（1）畜牧和农牧区系统（超干旱、干旱和半干旱地区）的疫苗免疫方案：每年在旱季开始时和产羔期之前。

（2）以农业为主的混合型农作-畜牧养殖系统（干燥的半湿润和湿润地区）的疫苗免疫方案：每年两次。疫苗免疫的时间要和农历和农民时间相适应。

（3）城乡系统的疫苗免疫方案：每年一次或两次，取决于动物在畜群/畜群中的更换率。

疫苗免疫应在连续两年内实施，然后仅在连续一年或两年内对新生动物进行选择性免疫。

4 方法

在小反刍动物（通常不单独鉴定）中，应当采用组合方法来评估疫苗免疫活动的有效性，例如通过小反刍兽疫疫情报告（监测体系）、参与式疫病监测（PDS）或血清流行病学调查。疫苗免疫的结果还可以通过疫苗免疫后血清学调查和社会参与调查（特别是评估农民和疫苗免疫人员对疫苗免疫成功的看法，包括评估疫苗免疫系统或种群生产率）进行评估。

所有方法（包括血清学调查）必须编入预算，并列入控制和根除计划总体成本中。

4.1 免疫后血清学调查[1]

血清学调查可以用于评价疫苗的免疫应答反应，并且鉴于小反刍兽疫疫苗有非常高的免疫水平，血清学调查是一种重要的方法。免疫方案应尽可能在国家和区域内进行协调，以便更好地了解国家和区域的免疫有效性。疫苗免疫后的血清学调查还应结合关键控制点（CCPs）和其他潜在的疫病传播或免疫失败的潜在危险因素的数据收集（例如在疫苗免疫期间观察到的动物体况非常差）。理论上，这些数据还可以用于校准在群体水平的疫苗免疫后动物机体免疫力下降的动态模型。

4.1.1 一般原则

下述用于评估疫苗免疫效力的血清学调查方案可用于不同目的。根据国家希望通过血清学方法进行调查的覆盖面大小，以及使用血清学方法进行免疫后评估（PVE）所分配的预算额度，确定调查的密集程度。这些方案试图回答的基本问题是：

①建立流行病学单元的基线水平，单元内的目标种群在实施疫苗免疫前已接触过PPRV。

②通过估计在每轮免疫后发生适当血清阳转的流行病学单元的数目来评估疫苗免疫效力。

③通过与基线调查的结果进行比较，在几次疫苗免疫后，在给定时间内评估群体免疫情况。

1　本段由法国巴黎世界动物卫生组织的Gregorio Torres和法国蒙彼利埃农业发展研究中心(CIRAD)的Renaud Lancelot合作编制。

④分析哪些年龄段受到保护。

对于所有方案，必须满足某些前提条件并做出一些假设。

4.1.1.1 先决条件

畜主和兽医机构应对PVE的有效性保持高度敏感，以确定足量的免疫应答水平，从而有助于设计最优的疫苗免疫程序。为了有效地开展这种宣传，关于农民对小反刍兽疫和小反刍兽疫疫苗免疫认识的社会学调查以及确定疫苗投递的社会技术网络兴趣，特别是在小农生产系统中，将是非常有用的。

应建立监测（见附件3.5）和分子流行病学，以便获得关于疫病的时空分布和病毒传入的高风险区域的数据。

尽管人们期望将疫苗免疫动物进行标识，以便与未免疫疫苗动物区分，但这通常是不可能做到的，尤其是在广泛的农村畜牧系统中。

该策略中提出的抽样系统是基于不可能的假设。但是，如果有可能引入动物标识系统，则可以减少PVE的抽样数量。

如其他血清学调查策略，由于与所选择的抽样策略相关联的灵敏度和特异性不同，存在将所研究的流行病学单元的保护进行错误分类的机会。因此，血清学结果应补充关键控制点和其他风险因素的信息。

4.1.1.2 假设

对于所提出的PVE抽样策略，正在进行以下假设：

①每个种群将通过新生动物或引入其他动物而产生易感动物。

②正在使用质量受控的疫苗，具有100%血清阳转效率。

③病毒中和试验（VNT）中滴定度>1 ∶ 10是具有保护性的。

④小于3月龄的动物受到母源抗体的保护。

⑤在流行病学单元内70%的动物受到保护，则认为疫苗免疫阈值是成功的。

⑥暴露于病毒中的流行病学单元（基线调查）的假定比例或

疫苗免疫后保护的比例为50%，以便应用最保守的样本数量。

⑦研究种群被认为是数量很大（流行病学单元数量未知），因此统计是基于最大样本量。

⑧免疫动物没有进行单独标记或不可识别。

⑨正在对绵羊和山羊进行抽样。

4.1.1.3　定义

（1）目标种群

目标种群定义为在具有小反刍兽疫感染风险的特定场所的所有易感小反刍动物。

（2）研究种群

研究种群定义为包括在疫苗免疫计划中的流行病学单元。流行病学单元的动物可以通过以下方式分层：

①年龄分层。（a）不包括在用于疫苗免疫后评估的血清学检测中的有：0～3个月，仍然有母源抗体，未免疫；3～6个月，包括在疫苗免疫活动中，但不在PVE[1]中。此组不包括在PVE中，因为在第二次调查期间0～3月龄组将作为未免疫动物层次。（b）包括在用于疫苗免疫后评估[1]的血清学测试中的有：6～12个月；12～24个月；超过24个月。

使用3个年龄组将提供关于疫苗免疫活动的具体优势或劣势的更准确的信息，因为当提供用于疫苗免疫的动物时，农民可能比较青睐某些年龄组。然而，如果主要目标是评估流行病学单元的整体保护而不考虑所有年龄层之间的差异，则下面两组将足够：6～12个月；超过12个月。

②根据现行畜牧业制度进行分层。（a）游牧：粗放型游牧或季节性迁移放牧。（b）农牧：粗放型或密集型季节性迁移放牧或固定地点放牧。（c）混合型农作物-家畜小农系统：粗放型或密集

1　必须包括在临床监测中；它们也可以在疫苗免疫前作为哨兵动物。

型固定地点放牧。

（3）流行病学单元

考虑到每个单元内的所有小反刍动物将具有相同的免疫机会和相同的感染风险（或具有针对小反刍兽疫的特异性抗体），因此需要定义流行病学单元。畜牧系统、村庄或畜群将被视为流行病学单元。

（4）疫苗免疫失败的定义

一个案例中，流行病学单元内30%或更多的动物血清学测试为阴性，这被定义为免疫失败。此研究中，流行病学单元被认为是没有进行正确的免疫，未能起到保护。在这种情况下，需要对疫苗免疫链的关键控制点和假设进行严格评估。

4.1.1.4 抽样方法

将使用多阶段抽样方法：

①根据在实施疫苗免疫后评估的地区/国家的畜牧系统，按比例分配流行病学单元，并随机选择所需数量。

②如可行，应在流行病学单元内通过系统的随机抽样来选择养殖户或畜群。

③在养殖户或畜群中，通过简单随机抽样法选择动物。每个养殖户/畜群每个合格年龄层最多抽取3只动物。如果在选定的养殖户/畜群中没有足够的动物，则选择最近的邻居。

4.1.1.5 统计方法

（1）样本数量计算

①对于计算，假定诊断测试具有100%灵敏度和100%特异性。

②95%置信区间和10%标准误差。

③为了计算具有指定置信区间和精度的流行病学单元样本大小，要假设一个未知的大群体的流行病学单元，样本容量可以使用以下公式计算。

$$n = (Z^2 \times P (1-P)) / e^2$$

式中：n 为样本容量；Z 为正态分布的数值；P 为受保护的流行病学单元的预期比例；e 为所需精度。

④为了计算流行病学单元内样本大小，以便评估血清阳转率水平是否高于（或低于）给定阈值，使用以下公式计算超比分配作为参考：

$$n = [1 - (\alpha)^{1/d}] \times [N - (d-1)/2]$$

式中：n 为所需样本大小；N 为种群大小；d 为种群中血清阴性个体的预期数；α 为错误类型1，置信水平表示为比例（$=1-\alpha$）。由于假定测试有100%特异性，故没有错误类型2。

如果动物没有产生抗体，患病率等于或高于30%（在血清学试验中为阴性），则需要评估（在95%置信区间）的最小样本大小见表4-3-1。

表4-3-1　血清学调查的最小样本量（95%置信区间，单位：只）

流行病学单元动物数量	样本容量
0～4	所有
5～10	6
11～26	7
27～93	8
＞94	9

（2）受保护和未受保护的流行病学单元的临界点

使用超比分配来估算在不同样本数量情形中发现一个或多个血清阴性样本的概率。使用ROC分析来确定抽样策略的特异性（假的受保护的流行病学单元）与灵敏度（假的未保护的流行病学单元）之间的最合适的平衡。

4.1.1.6　血清学结果的说明

考虑到对不同样本数量计算的灵敏度和特异性[1]范围，如果出现以下情况，流行病学单元将被视为受保护的：

——　每个单元的动物数小于27：其中有0~1只动物被发现血清阴性。

——　每个单元的动物数超过27：其中有0~2只动物被发现血清阴性。

为了减少所采用抽样策略灵敏度和特异性不足问题，建议考虑参与式方法得出的结果，它可以确认流行病学单元的分类。

一旦流行病学单元被确认为受保护（疫苗免疫有效）或未受保护（疫苗免疫无效），流行病学单元的结果就可以通过年龄组分析，在基线调查期间，如果使用方案1（见下文）可将下列分类系统作为参照点，以便与后续进行的任何调查进行比较，以确定种群免疫力和随时间推移的趋势：（a）所有三个年龄层受到保护；（b）两个年龄层受到保护；（c）一个年龄层受到保护；（d）所有三个年龄层都不受保护。

将每个流行病学单元的情况做成表格，可以清楚地展示不同年龄组的保护水平。在接种疫苗后，应注意大量的受保护年龄层的流行病学单元比例是否增加，以便宣布疫苗免疫活动成功。

4.1.2　PVE血清学调查的方案

根据PVE的使用目的（表4-3-2），基于以上的原则释义，描述不同方案如下。

这些方案包括将要实施的2~3次调查。它们的起点是在初始免疫启动前建立先前暴露于病毒或免疫的血清阳性率基线，这可

---

[1]　抽样策略的估算灵敏度（SE）和特异性（SP）范围为SE（72.5~85.0）和SP（88.9~94.1）。

以与实际免疫方案组合，因此将在第0天进行。

表4-3-2　提议的疫苗免疫后评估方案

	方案1	方案2	方案3
目的	评估： (a) 疫苗免疫应答情况； (b) 种群免疫情况； (c) 种群免疫趋势	评估疫苗免疫应答	评估种群免疫趋势
完成该方案进行的调查次数	3次血清学调查	2次血清学调查	2次血清学调查+1次问卷调查

这些方案在下面有进一步说明，并在"6 PPR免疫后评估的实施案例"中举例介绍。

每个免疫方案提议的样本大小基于上述原则，但应根据该国的主要流行病学状况进行调整，并应尽可能在国家内部和国家之间进行协调。

4.1.2.1　方案1

在"6 PPR疫苗免疫后评估方案实施案例"中列举了方案1的一个例子。

> 使用此综合方案的目的是评估：
> (1) 疫苗免疫应答。
> (2) 既定时间点的种群免疫力。
> (3) 如果实施—系列疫苗免疫活动的趋势。

(1) 建立血清阳性率基线 —— 在第0天进行调查

该计算基于对50%的流行病学单元有保护的预期比例的估计，具有95%的置信区间和10%的标准误差。对于动物，设定的感染率为30%（血清学阴性）。

样本大小：需要至少选择97个流行病学单元；从每个单元中

每个符合条件的年龄层中随机抽样选择，最多选择9只动物，总体采样数最多不超过2 619只。

将相应的流行病学单元分为4类。当分析结果时，根据这些类别对流行病学单元进行分类，以便确定每个类别中流行病学单元的比例，作为用于疫苗免疫的目标群体中的易感程度的测量方法。将针对该基线数据建立种群免疫。

（2）第二次调查在第一次免疫后第30～90天

此调查的目的是通过对6～12月龄层中的动物进行采样，来评估对疫苗的免疫应答情况。因为假定它们在疫苗免疫活动第0天之前，进行疫苗免疫或接触病毒的机会较小。

假定至少50%的疫苗免疫的流行病学单元将会产生至少70%的群体血清阳转。该计算基于95%置信区间和10%标准误差。

样本数量：至少需要选择97个流行病学单元，并且每个单位最多需要随机抽样9只动物，共计873只动物。

为了评估疫苗免疫活动的有效性，需要将6～12个月龄层有超过70%动物被保护的流行病学单元比例与基线结果进行比较。对这种减少程度的解释取决于当地条件（例如易接近地形等）。此种减少应具有统计学意义。

（3）第三次调查在第二次免疫和进一步免疫后第30～90天

这项调查的目的是收集关于种群免疫力随时间变化趋势的信息。

该计算基于对50%的流行病学单元有保护的预期比例的估计，具有95%置信区间和10%标准误差。对于动物，设定的感染率为30%（血清学阴性）。将采用多阶段抽样方法。

样本数量：需要至少选择97个流行病学单元，从每个符合条件的年龄层的每个单位中，随机选择并需要抽样最多9只动物，总体采样数量最多不超过2 619只。

相应的流行病学单元分为四类。当分析结果时，根据这些类别对流行病学单元进行分类，以便确定每个类别中流行病学单元的比例，作为用于疫苗免疫的目标群体中的易感程度的测量方法。除了评估疫苗免疫活动的有效性之外，现在可以比较每个年龄层中的结果，观察超过70%的免疫保护的动物流行病学单元的比例增加的趋势（表4-3-3）。

4.1.2.2 方案2

使用此方案的目的是评估疫苗免疫后免疫应答作为免疫活动有效性的代表。

该方案适合于测试所有关键控制点是否已经建立并控制，以保证疫苗免疫活动运行良好。

表4-3-3 用方案1评估对疫苗的免疫应答情况、群体免疫情况及其趋势

	调查1	调查2	调查3
抽样时间	第0天（基线）	疫苗免疫后第30～90天	2次及2次以上疫苗免疫后第30～90天
选定的流行病学单元数量	97个	97个	97个
符合条件年龄层	所有3个年龄组	6～12月龄组	所有3个年龄组
每个符合条件年龄层选定的动物数量	9	9	9
选定的动物总数量	2619只	873只	2619只

（1）建立血清阳性率基线——在第0天进行调查

方案的详细信息如表4-3-4所示。

（2）疫苗免疫后第30～90天的第二次调查

使用表4-3-5中调查2。

预计6～12月龄抽样层动物受免疫保护的流行病学单元比例增加。如果没有观察到明显增加，应密切检查关键控制点。

表4-3-4　用方案2以评估对疫苗免疫的免疫应答

	调查1	调查2
抽样时间	第0天（基线）	疫苗免疫后 第30～90天
选定流行病学单元数量	97个	97个
符合条件的年龄层	6～12月龄组	6～12月龄组
每个符合条件年龄层选定的动物数量	9	9
选定动物的总量	873只	873只

4.1.2.3 方案3

本方案的目的是确定种群免疫力随着时间推移在流行病学单元层面的趋势，而不区分疫苗免疫对不同年龄层的影响。

如果已知疫苗免疫活动是有效的，但是需要定义、改进疫苗免疫时间表，则该方案可能是有用的。在该方案中，需要减少样本大小，因此可以考虑更低的预算。

该方案的先决条件是知道目标种群的年龄分布。这些信息可以来自于问卷调查（如方法导论中所述）。

（1）建立血清阳性率基线——在第0天进行调查

方案：见表4-3-5调查3。

如果已知流行病学单元中的动物年龄分布，9个样本应按比例分配到两个年龄组。如果不知道分布情况，应该随机选择动物，而不考虑年龄层。

（2）第二次调查在疫苗免疫后第30～90天

第二次调查可以通过问卷调查来了解活动的观察效果。因为方案假定疫苗免疫活动有效，故不需要做血清学调查。

（3）第三次调查在第二次免疫和进一步免疫后第30～90天

预期在第三次调查中易感流行病学单元的免疫保护水平会增加。如果增加不明显，这可能预示疫苗免疫的频率和（或）时间表需要调整。

表4-3-5　用方案3以评估种群免疫趋势

	调查1	调查2	调查3
抽样时间	第0天（基线）		2次及2次以上疫苗免疫后30～90天
选定的流行病学单元数量	97个		97个
符合条件年龄层	6～12月龄及超过12月龄	无血清学测试，以问卷调查代替	6～12月龄及超过12月龄
每个符合条件年龄层选定的动物数量	9		9
选定动物的总量	729		729

4.2　小反刍兽疫发病率／感染率的评估

4.2.1　被动监测

一个运作良好的报告系统是全球控制和根除策略（GCES）各阶段的重要组成部分，它能将被动监测数据从临床传递给兽医机构。最有可能通过被动监测发现新的疫病暴发。附件中进一步阐述了可以检索被动监测数据的来源及其在全球控制和根除策略（GCES）不同阶段的重要性。

4.2.2　主动监测/疫病调查

虽然被动监测数据的报告非常重要，但整个监测系统还需要把主动疫病调查整合进来。诸如血清流行病学调查、参与式疫病监测（PDS）、使用动物哨兵群等方法属于这一类别。它们在全球控制和根除策略（GCES）不同阶段的重要性将在附件中进一步阐述。

重要的是要记住，血清流行病学调查（作为主动监测方法的一部分，以评估免疫疫苗地区或生产系统中的小反刍兽疫发病率）仅用于未免疫疫苗的畜群，因为诊断测试不能区分疫苗免疫和感染动物。因此，这些调查的具体目标将受到限制，例如：交叉检查PDS提供的结果或评估不同疫苗免疫方案类别中登记的村庄的小反刍兽疫感染的均质分布。

■■■■**参与式疫病监测（PDS）**

（1）简介

本节仅用于方法介绍，因为已经公布了详细的说明和指南。

最近，兽医流行病学家采用了参与式技术。跨界动物疫病领域（TADs）是在偏远地区和/或不安全地区根除牛瘟的最后阶段发展起来的。总的来说，他们在发展中地区展现出良好应用前景。

PDS是参与式流行病学（PE）的方法之一，通过使用参与式方法和手段来提高对疫病流行病学的理解。这些方法和手段源自参与式评估方法。基本原则是公立或私人兽医专业人员和当地人员一起工作来评估和分析情况。参与式方法建立在农民的认知基础之上，利用他们的疫病监测和控制技能。在此提到的案例中，PDS的目标是评估小反刍兽疫的发病率。

参与式流行病学方法通常基于定性技术，如使用在集体（例如村庄）层面应用的半结构化问卷。结果有时可以变成定量或半定量结果，但这不代表参与式流行病学方的基本目标。此外，可以使用许多主要或次要数据源，主要数据源自社区研究，次要数据源自先前的研究、疫病报告及血清学调查等。

在参与式流行病学方法中，当其他流行病学方法不易实施或由于情况不明，不易说明调查结果时，PDS是有效的方式。当开展基于事件监测工作，难以进行疫病监控时，可能遇到上述情况。

（2）实施

①目标：PDS的目标是，在控制和根除策略的初始阶段或在其实施的所有阶段，为国家级目标小反刍动物种群提供小反刍兽疫年度临床发病率的估算。

②抽样和物流：由于PDS的集体性质，流行病学单元是村庄或和与之对等的季节性迁移放牧/游牧农民。在大多数情况下，需要对全国种群进行分层，以便更准确地估计数量。分层标准和样本数量可以与免疫后血清学监测相同。对于给定的流行病学单元（例如村庄）的PDS，需要10个农民的样本，但这个数字只是指示性的。目标是组成对小反刍动物生产感兴趣的农民小组，并且代表村落小反刍动物养殖系统可能存在的多样性。

虽然PDS的成本一般低于其他程序化的监测调查，但它们不可忽略并需要精心的准备和足够的调查期。事实上，一个小组每天不能调查超过1或2个村庄。此外，大规模PDS要求实施特定的信息系统以及精心设计的方案，其实施必须由协调员密切监测。

③实地调查：PDS需要至少两名调查员组成的小组。调查员应接受过进行此类调查的专业培训。此外，他们必须要能理解和流利地使用当地语言，这在某些情况下可能是一个挑战。

在PDS期间连续使用几种方法：（a）半结构化访谈，包括焦点小组讨论或个别农民访谈；（b）排名和评分（例如：疫病模型评分）；（c）通过绘图和划时间线等可实现可视化。必须对信息进行反复检查，可通过使用次级信息源、探查、三角测量、饱和原则，和/或使用实验室诊断。

调查员作为辅助人员组织相关讨论。下面给出的例子，列出了采取的不同步骤。

· 介绍该小组作为动物卫生评估小组（不聚焦在小反刍兽疫）。

· 明确农民中的受访者，确定他们是否为小反刍动物畜主，并建立他们主要的牲畜饲养场所（绘图）。

· 评估他们是否属于小组或农民协会。

· 询问他们使用怎样的动物健康服务。

· 询问目前在其畜群或该地区发生疫病的本地名称。试图判断

图4-3-7　与加纳农民的焦点小组讨论，会议期间建立疫病评分模型（2013年4月）
（R Lancelot, CIRAD, 2014）

可以将一块纸板和固定数量的小石子或等同材料（例如豆子）用作主要器具。每个小组的农民在单一模型上集体协作。整个小组完成并验证模型通过，则视为完成工作。必须使用以下方法绘制模型：（a）每一列用于绘制农民所提供的疫病/综合征的本地名称，并在列标题写上本地名称。（b）每一行用于绘制农民所提供单个临床特征，并在行标题写上名称。（c）在每个临床特征（模型的每行）上，农民按照每种疫病的症状强度比例放置一定量的石子。

他们如何识别这些疫病：描述这些疫病的临床症状。

· 如果他们提及有影响小反刍动物的类似小反刍兽疫疫病，询问最后一次发生的时间和地点。

· 在拥有最大小反刍动物群体的目标农民中，调查与这种类似小反刍兽疫相关的死亡率。

· 最后且最重要的是：如果农民提供的本地名称对应于综合征（一系列易于鉴别的临床体征），则草拟其疫病评分模型；否则使用卡片来帮助识别这些综合征。

④评分模型（图4-3-7）：当综合征（模型的列数）提供与小反刍兽疫兼容的总体临床图片时，要求农民记录最近一次临床暴发的日期，并指明每个物种的死亡数量以及小反刍动物的总数。

⑤使用卡片进行病历诊断（图4-3-8）：有时，农民只能识别个体临床症状。这种情况可能发生在最近的或次要的家畜养殖活动，

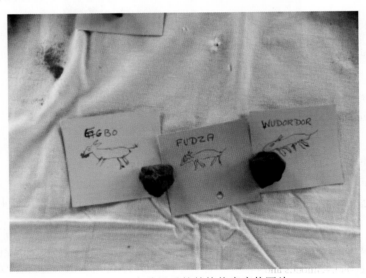

图4-3-8　卡片显示的整体临床症状图片
（分泌唾液+眼黏分泌物+血尿）
(F. Bouyer, CIRAD, 2014)

或者当畜群数量较小时。那样的话可以使用卡片来促进疫病报告。农民首先要求在卡片上绘制临床症状，然后将这些卡片按照它们的出现顺序放置在每个畜群中，以制定去年的"疫病既往史"。当整体临床症状与小反刍兽疫相符时，记录最后一次暴发的日期以及物种的死亡数。

由于结果是由疫病评分模型或病历卡片提供的，当报告以下临床症状中出现三个或以上时，则怀疑是发生小反刍兽疫：（a）分泌唾液或"口腔溃疡"；（b）流涕；（c）眼黏分泌物；（d）出血性腹泻，或严重腹泻；（e）咳嗽；（f）消瘦或严重的食欲不振/一般状况；（g）高死亡率。

参考文献

Ameri A.A., Hendrickx S., Jones B., Mariner J., Mehta P. & C. Pissang (2009). introduction to Participatory Epidemiology and its Application to Highly Pathogenic Avian influenza Participatory Disease Surveillance: A Manual for Participatory Disease Surveillance Practitioners. Nairobi: ILRI. Available at : https://cgspace. cgiar.org/handle/10568/367?show=full

Bellet C., Vergne T., Grosbois V., Holl D., Roger F. & Goutard F. (2012). Evaluating the efficiency of participatory epidemiology to estimate the incidence and impacts of foot-and-mouth disease among livestock owners in Cambodia. *Acta Tropica*, 23, 31 - 38.

Bett B., Jost C. & Mariner J. (2008). Participatory investigation of important animal health problems amongst the Turkana pastoralists: Relative incidence, impact on livelihoods and suggested interventions. Discussion Paper 15, ILRI / VSF Belgium, 50.

Catley A., Alders R.G. & Wood J.L. (2012). Participatory epidemiology:

Approaches, methods, experiences. *Vet. J.,* 191 (2), 151-160.

Food and Agriculture Organization of the United Nations (FAO) (2000). Manual on participatory epidemiology - Method for the collection of action - oriented epidemiological intelligence (C. Jeffrey &R. Paskin, eds). Animal Health Manual, 10.

International Livestock Research institute (ILRI) (2013). Participatory epidemiology. A toolkit for trainers (S. Dunkle & J. Mariner, eds), 153.

Jost C.C., Mariner J.C., Roeder P.L., Sawitri E. & Mc Gregor-Skinner G.J. (2007). Participatory epidemiology in disease surveillance and research. *Rev. Sci. Tech. Off. int. Epiz.,* 26 (3), 537-549.

Latour B. (2005). Reassembling the social. An introduction to actor-network-theory, Volume 1.Oxford Univ Press.

Mariner J.C., House J.A., Mebus C.A., Sollod A.E., Chibeu D., Jones B.A., Roeder P.L., Admassu B. & van't Klooster G.G.M. (2012). Rinderpest eradication: appropriate technology and social innovations. *Science,* 37 (6100), 1309-1312.

Vétérinaires Sans Frontières-Belgium (VSF-B) (2007). Rinderpest participatory searching: A manual for veterinarians and animal health workers in Southern Sudan. VSF- B (Vétérinaires Sans Frontières-Belgium).

4.3 社会学调查[1]

对小反刍兽疫疫苗免疫效果的认知的评估可以通过参与式方法进行。本评估的目的是揭示影响实施小反刍兽疫疫苗免疫活动

---

[1] 本段是由法国农业发展研究中心（CIRAD）的 Marisa Peyre（marisa.peyre@cirad.fr）和 Fanny Bouyer（neptisliberti@gmail.com）合作编写的。有关社会学调查的详细指南可向编者索取获得（请求发送至 renaud.lancelot@cirad.fr 或 Marisa Peyre、Fanny Bouyer 邮箱）。 Daniel Bourzat 和 Joseph Domenech 在临床使用该方法进行调查时，获得世界动物卫生组织（OIE）项目以及比尔和梅琳达·盖茨基金会（Bill and Melinda gates Foundation）的支持。

的主要决定因素，以便更好地了解影响疫苗覆盖率效果的驱动因素并提出纠正措施；分析疫苗免疫员（防疫员）和农民对于实施小反刍兽疫疫苗免疫活动的看法和行为逻辑，以及小反刍动物卫生管理的社会技术网络。

4.3.1 方法理论

通过将不同利益相关者（免疫小组和禽畜饲养者）由参与式诊断（Catley 等，2012）所获取的事实和概念信息联系起来，分析疫苗免疫活动以及当地社会技术网络的组织实施过程。参与式流行病学方法使用户能够产生半定量数据，并比较所选择的不同领域之间的结果。重要的是，要知道通常的通信网络是什么并且重点关注与小反刍兽疫疫苗免疫活动相关的沟通渠道（传达的信息、人员及方式），因为对牲畜饲养者而言，参与疫苗免疫活动不是个人和技术选择：这是社会技术网络参与革新的结果，即大规模免疫小反刍兽疫疫苗（Latour 等，2005 年；Ruault，1996 年，Weber，1971 年）。通过联系实践和概念之间的相似性和差异来分析半结构化访谈的内容，以便根据客观定义的观点（家畜饲养者所属的社会群体）强调行为逻辑。主要研究主题不是免疫疫苗的行为，而是疫苗免疫活动本身。最后，利用社会网络分析方法对利益相关者看法（包括利益相关者建议的任何纠正行为）进行综合和分析。

4.3.2 研究设计

4.3.2.1 二手数据收集

为了设计研究方案并定义研究样品，需要收集和审查所有关于评估免疫计划的二手数据。该数据可以从科学文献（已发表文章的评论）、灰色文献（从当地合作伙伴收集的项目报告和内部报告），或从在同一项目框架内实施的其他调查产生的数据中检索得到。收集到的信息包括参与免疫过程的人员的基本信息以及选定研究区域内小反刍兽疫的疫病状况。

4.3.2.2 参与式流行病学培训

访谈员小组背景的选择及参与式流行病学和参与式方法的初步培训，是确保研究成功的关键因素。应尽可能优先考虑具有社会学背景的学生或研究人员，因为他们在参与式访谈和社会学问题分析方面有良好的背景。但是，他们仍需要进行与项目背景相关的参与式流行病学评估的培训（关于小反刍兽疫疫苗免疫）。还可以招募当地兽医或动物卫生技术人员，但是他们也需要进行参与式访谈技巧的专门培训，以限制在访谈和数据记录期间的专家偏见。在培训期间，重点强调是非引导式访谈技巧和数据记录技术（例如：使用受访者答复的完整笔录，而不是依赖于笔记；避免对所提供的信息的任何说明等）。另外一个好的办法是组建一支跨行业队伍，将社会学家和兽医们组合起来。所有访谈员都应该参加初始培训课程，无论他们所学的背景如何。

培训包括理论课程和实地实践课程，并根据项目的目标进行量身定制。在培训临床练习期间，免疫者和农民的实地研究方案和检查表/方法将在培训师的监督下进行最终确定和测试。

4.3.2.3 抽样

（1）研究区域的选择

研究区域的选择反映了该国现有的主要畜牧养殖系统，也考虑了社会技术网络的特殊性。也可以在免疫者的访谈之后进行研究区的选择。

（2）免疫员的选择

只要条件允许，就应该对项目中涉及的所有疫苗免疫员进行面谈。如果无法实现，那么至少应该由正在研究的地区的疫苗免疫员参加。

（3）农民的选择

在所选区域内进行地理区域和村庄的分层随机选择。如果调查的目的之一是比较不同的疫苗免疫方案，将考虑选择疫苗免疫员对每个村庄的认知分类为"成功"（例如 > 80% 覆盖）或"不太成功"（例如 <30% 覆盖）的地区。最理想的社会学调查应包括使用这种分层抽样策略选择的 20 个村庄。在每个村庄内，每个焦点小组将涉及 10 ~ 15 个农民和 5 ~ 10 次农民个人访谈。综合研究的总样本数量将达到 200 ~ 300 名受访者，但在进行常规疫苗免疫后评估研究时（例如基于流行病学抽样框架以评估疫苗免疫后覆盖水平），可以考虑采用较小抽样规模的简化调查。事实上，村庄进行的访谈数量可以保持开放并收集数据，直到达到三角测量原则为止。个体农民的访谈应该包括一些没有参与疫苗免疫活动的农民。

4.3.2.4 综合或半结构化采访

综合采访的方法是基于对实践和事件（"如何"）的开放问题，而不是直接关于理由（"为什么"）。采访员是讨论的协调者。采访员将通过使用说明而不是问题（例如"你说……"）来反馈讨论，这将有助于引导出受访者的整体推理，且过程中偏见较少。这也可以在集体采访期间使用，有助于被采访者脱离社会地位，并帮助小组反思。

4.3.2.5 数据收集和记录

（1）在对疫苗免疫员进行小组和个人访谈期间，通过使用初次培训会议期间制定的采访清单收集了小反刍兽疫免疫活动的总体组织情况和疫苗免疫员对疫苗免疫优势和劣势普遍看法的数据。在对农民进行小组和个人访谈期间，收集了关于小反刍动物繁殖重要性、小反刍兽疫造成的感知影响、疫苗优势和劣势以及农民对小反刍兽疫疫苗免疫活动的一般看法的数据。

（2）所有访谈记录是由采访员做出的，没有删除任何内容，没有做总结，也没有改变受访者使用的词汇。特定术语或新概念均使用利益相关者的语言进行报告。为便于理解答案并在记录时保持准确，采访员不会做出任何判断、增加任何建议，甚至不会做出任何删减。

4.3.3 视觉化和评分方法——流程图

对于每个重点小组和个人访谈，参与者绘制影响小反刍兽疫免疫活动相关因素之间的流程图。然后参与者将通过比例堆积和/或配对排序法来量化每个因素的相对重要性。

比例堆积（PP）用于根据一个标准给出多个不同项目或类别的相对分数。例如：要求参与者根据它们对小反刍兽疫疫苗免疫活动实施的负面影响和积极影响，在先前流程图显示的因素之间划分100个计数单位。参与者随后被要求做同样的事，根据他们认为的重要性提出纠正措施。

在一些情况下，PP可能不适用（例如：由于已经分配了相同数量的计数单位，所以观察到因素的相对重要性没有差别）。在这些情况下，使用配对排序法。要求参与者逐个比较每个因素与所有其他因素。然而，此方法不应该是首选的，因为配对排序法比PP更复杂并且需要更多的时间。

4.3.4 数据提取和分析

单独分析不同的记录，然后进行交叉分析来提取主要信息，回答以下问题：

 —— 通常的社会技术网络是什么？

 —— 免疫活动如何沟通？使用什么方法？

 —— 参与者在疫苗免疫活动中的参与程度如何？

 —— 疫苗免疫活动的优势和劣势是什么？

 —— 哪些是纠正措施的建议？

（1）影响小反刍兽疫疫苗免疫活动的因素和其联系的说明性分析

疫苗免疫员和农民制定的流程图用于网络分析，以显示因素之间的联系并根据所述因素的类型和每个因素的相对重要性来评估网络之间的差异。

（2）对影响小反刍兽疫疫苗免疫活动因素的重要性进行定量分析

通过衡量各因素的相对排名及其报告的频率来评估每个因素对小反刍兽疫疫苗免疫活动实施效果的总体影响。

参考文献

Calba C., Ponsich A., Nam S., Collineau L., Min S., Thonnat J. & Goutard F. (2014). Development of aparticipatory tool for the evaluation of village animal health workers in Cambodia. *Acta tropica*, 134, 17-28. Available at: http://dx.doi.org/10.1016/j.actatropica.2014.02.013.

Catley A., Alders R.G. & Wood J.L. (2012). Participatory epidemiology: Approaches, methods, experiences. *Vet. J.*, 191 (2), 151–160.

Delabouglise A, Antoine-Moussiaux N., Phan T.D., Dao D.C., Nguyen T.T., Truong D.B.T., Nguyen X.N., Vu D.T., Nguyen V.K., Le T.H., Salem G. & Peyre M. (2015). The perceived value of animal health surveillance: The case of HPAI in Vietnam. Zoonosis and Public Health (in press).

Latour B. (2005). Reassembling the social. An introduction to actor-network-theory, Volume 1. Oxford Univ Press.

Ruault C. (1996). L′ Invention collective de l′ action: Initiatives de group d′ agriculteurs et de développement. Éditions L′ Harmattan.

Weber M. (1971). Économie et société, vol. 1. Plon, Paris.

4.4 畜群生产率

小反刍兽疫疫苗的免疫对小反刍动物的生产率有重要影响，

特别是作为成本效益分析的组成部分。然而，评估与疫苗免疫相关的生产率的变化不是一项简单的任务，因为许多不受控制的因素可能干扰生产率的测量，例如除了小反刍兽疫之外发生的其他疫病（绵羊和山羊痘、裂谷热等）或环境条件的变化（例如干旱和洪水）。此外，评估必须比较受小反刍兽疫影响与未受小反刍兽疫影响流行病学单元的生产率。

4.4.1 动物生产率

小反刍兽疫主要影响具有低投入、粗放型、小反刍动物饲养系统的发展中国家。在这些系统中，动物生产率由种群统计学参数控制，或为自然（繁殖或存活率）或为人为（购买率）。种群生产率采用 P / N 的形式，其中分子 P 表示生产量（动物数量），分母 N 是与 P 相关的种群数量。在此，N 是流行病学单元的数量或者二次抽样样品。出于实际原因（见下文），选择单一特异性畜群（绵羊或山羊）与农民一起作为抽样单位。

因此，N 可以由年初的群体数量来确定：

$$N = n_t$$

或通过一年中的平均群体数量，例如：

$$N = (n_t + n_{t+1}) / 2。$$

三种常见的生产率表示如下：

（1）年度自然出栏率 OFF 是当 N 是平均群体数量时的总出栏风险率：

$$OFF = m_{off} / N$$

m_{off} 是年内该畜群使用的动物数量（销售、屠宰、礼品、贷款等）。

（2）年度净出口率 OFF_{net} 表示出口和进口之间的平衡：

$$OFF_{net} = (m_{off} - m_{Int}) / N$$

（3）年度总生产率 $PROD$ 是畜群年变化加上净商品销售：

$$PROD = \left(\Delta n + m_{\text{off}} - m_{\text{Int}} \right) / N$$

其中 $\Delta n = n_{t+1} - n_t$。

PROD 也代表整体的"种群统计学自然生产率",因为它的分子等同于出生和死亡之间的平衡。

4.4.2 一般设计

提议使用两步法策略:(a)估计流行病学单元层面的年度小反刍兽疫发病率。(b)估计受影响和未受影响的流行病学单元中小反刍动物的生产率。

第一步是小反刍兽疫免疫后评估的重要组成部分。可以通过组合以下方法来实现,包括:

—— 基于事件(被动)监测。

—— 程序性(主动)监测:参与式流行病学(例如参与式疫病调查)、血清学调查、临床调查等。有关详细信息,请参阅本指南的相应章节。

第二步的设计更为复杂,因为不能提前预测小反刍兽疫的暴发。此外,在向根除阶段推进时,小反刍兽疫临床发病率将降低。因此,需要根据在PPR控制计划早期阶段进行的调查结果,即当小反刍兽疫临床发病率仍然很高时,估算受小反刍兽疫影响的流行病学单元的平均动物生产率。

无小反刍兽疫流行病学单元的生产率评估问题较少,因为可以选择已经免疫小反刍兽疫的流行病学单元。但是,应每年实施评估来说明与小反刍兽疫无关的生产率变化。

4.4.3 生产率调查[1]

可以采用几种调查方法估算生产率指数所需的种群统计参数。

---

1 本段是与法国蒙彼利埃农业发展研究中心(CIRAD)的 Renaud Lancelot 合作编写的。同时也得到了 Daniel Bourzat 和 Joseph Domenech 的支持。

在此，提出了包含农场访问和问卷调查的回顾性调查，适用于畜主和动物饲养人员。这些调查的目的是记录过去 12 个月内在畜群中发生的完整的种群统计事件。所谓的 12MO 方法已经形式化并发表在科学期刊上。可以通过 http://livtools.cirad.fr/ 免费获得一套全面的方法和培训手册、现场调查表，以及相应的数据库和用于分析数据的统计软件。

4.4.3.1 抽样

（1）抽样单元

12MO 调查只能在中小型畜群实施：由于实际原因（调查时间和农民的记忆），该方法不适用于有数百只动物的畜群。

（2）抽样范围

在此，采用分层随机抽样框来实施下述主要分层标准，以获得相关生产力的估计值。

①种类：因为种群参数因物种而异，所以绵羊和山羊数据必须被视为独立的畜群，即使动物属于同一农民。

②农业生态区：在大多数发展中国家的低投入小反刍动物养殖系统中，动物生产率高度依赖于天然饲料资源。因此，农业生态层可能包括基于干旱指数 AI（AI ＝年平均降水量/年平均潜在蒸发量）的特定国家的地理分区：超干旱、干旱、半干旱、亚湿润和湿润地区。AI 地图和数据集可在国际农业研究磋商组织（CGIAR-CSI）网站免费获得，网址为：http://www.cgiar-csi.org/data/global-aridity-and-pet-database

③可能需要更精细的分层：根据它们对生产率的可能影响来分层，例如畜牧和农牧系统（超干旱、干旱和半干旱地区）与主要为农业的混合作物 - 畜牧养殖系统（干旱半湿润和湿润地区）。

④畜群小反刍兽疫状况：如果尚未开始疫苗免疫，无小反刍兽疫感染的畜群应在最近 12 个月内已免疫畜群或无小反刍兽疫的流行病学单元内选择。相关信息可通过随机采集流行病学单元内

3～12个月龄的至少28只羔羊的血液样品来获得（该情况下物种无关紧要）。如果所有样品都检测为血清阴性，则小反刍兽疫血清阳性率为10%的概率最高为95%。因为如果小反刍兽疫病毒在流行病学单元中循环，小反刍兽疫血清阳性率肯定大于10%，所以来自该单元的群体可以归类为无小反刍兽疫。

小反刍兽疫感染畜群应从临床疑似有PPR，且通过对3～12月龄羔羊进行病毒学或血清学测试确认的流行病学单元中选择。在这些畜群中，12MO调查应在暴发结束后立即实施，即不再出现临床病例。重要的是，该12MO调查应与血清学调查一起实施，在实施12MO调查的同一个畜群中选择随机抽样20只动物进行血清学调查（无论其是否有PPR临床症状）。当血清阳性率大于80%时，20个样本大小能确保精确度低于10%。加上从12MO调查数据获得的估计死亡率，这些血清阳性率数据将能够估计出基本繁殖数 R_0，这是实施小反刍兽疫疫苗免疫活动至关重要的流行病学指标。

（3）样本大小

层内样本大小取决于许多不同的参数，很难提供适用于任何情况的通用数据。然而，在之前半干旱环境的农牧业耕作系统的12MO调查中，使用每层20个畜群的样本量，代表每个物种和层级1000个有记录的动物，就得到了动物生产率的很好的合理化估计。

4.4.3.2 监控方案

12MO调查基于对农民的访谈。在访谈期间，普查员必须在调查日对所有畜群中的所有动物进行计数，然后记录过去12个月发生的所有种群事件（出生、自然死亡、屠宰、贷款、购买等）。

12MO问卷由两个子问卷，问卷1（Q1）和问卷2（Q2）组成。

—— Q1的目的是单独列举畜群中的所有动物并说明其特征，

对于每个被列举的母畜来说，记录数据反映了它在过去12个月的繁殖性能情况。

——Q2的目的是列举和说明在调查之前的12个月畜群的进出栏情况。数据按年龄分类记录：类别"0"表示0～1年的精确年龄，类别"1"表示1～2年的精确年龄，以此类推。

4.4.4 培训和实施

选择普查员时，特别关注（但不一定限于）兽医机构或农业部推广机构的技术人员。普查员需要几天的培训后，才能计算出可靠的结果。这些培训课程应包括适当平衡比例的理论培训，最重要的是，要包括现实环境下的实地培训。在大多数情况下，为期一周的培训课程已经足够。

当12MO调查开始时，协调员应定期监督现场工作人员，并收集调查表以检查和分析数据，这非常重要。这可以确保尽早纠正错误和减少误解，确保生成可靠的结果。

数据分析必须由具备足够技能和接受过高级统计学（包括线性、泊松分布和逻辑回归方法）培训的工作人员完成，最好是学习过种群动力学建模知识。

参考文献

De Koeijer A., Diekmann O. & Reijnders P. (1998). Modelling the spread of phocine distemper virus among harbour seals. *Bull. Math. Biol.*, 60 (3), 585–596.

Lesnoff M. (2008). Evaluation of 12-month interval methods for estimating animal-times at risk in a traditional African livestock farming system. *Prev. Vet. Med.*, 85 (1-2), 9–16.

Lesnoff M. (2009). Reliability of a twelve-month retrospective survey method for estimating parturition and mortality rates in a traditional African livestock farming system. *Rev. Élev. Méd. vét. Pays Trop.*, 62 (1), 49–57.

Lesnoff M., Lancelot R., Moulin C.-H., Messad S., Juanès X. & Sahut C. (2014). CalculatIon of demographic parameters in tropical livestock herds. A discrete time approach with LASER animalbased monitoring data. Springer, the Netherlands.

Trabucco A. & Zomer R. (2009). Global aridity index (global-aridity) and global potential evapotranspiration (global-PET) geospatial database. CGIAR Consortium for Spatial Information.

5　免疫后评估——调查免疫失败的原因

疫苗免疫后评估（PVE）方法是一个指南，介绍了用于评估疫苗免疫活动结果的可用方法，特别是通过评估疫苗免疫后免疫水平，减少小反刍兽疫发病率或提高生产率。疫苗免疫活动是否失败，结果将给出指示。

如果本附件中说明的方法表明疫苗免疫活动未成功，则必须进行调查以确定失败的根源。

本章不会详细说明用于评估所有疫苗免疫链步骤的方法。本章将指出如何回到这些步骤的原则，在检查每个关键控制点水平后发生了什么（例如通过用于实验室分析的样品瓶，接收和存储的疫苗的质量；其他实例包括冷链系统、验证设备和温度），以及如何纠正错误。

事实上，疫苗免疫后评估代表了基础，允许进一步监测疫苗免疫活动。然而，对疫苗免疫链上的监测方法的详细说明不在本疫苗免疫后评估方法指南的范围之内。

一种非常系统化的方法是跟踪免疫链的所有步骤，调查发现可能导致疫苗免疫失败的问题。

在确定存在的问题后，将分析其原因并提出纠正措施。如果该问题与不正确的免疫方案有关，则必须对根除策略进行部分或全部修订。对纠正措施的结果进行持续评估和后续监测是确保小反刍兽疫控制和根除策略顺利实施的关键之一。

为了有效地监测控制和根除方案，必须界定和使用与预期成果有关的性能指标。这些可以减少疫病（第二阶段）或根除病毒循环（第三阶段）。

沿着疫苗免疫链，将调查以下因素以确定可能存在的失败原因，并指出一些纠正措施：

①疫苗质量：要检查质量证书，采取实验室质量控制措施。

②疫苗储存：要检查从中央存储到实地使用中的冷链系统的质量，必要时进行校正。

③在疫苗免疫链过程中疫苗运送的条件和效力：检查从中央存储到实地使用中任何需要解决的物流问题。

④疫苗投送系统：

＞检查疫苗免疫链中每个执行者包括兽医、兽医专业人员、疫苗免疫员、社区卫生工作者的资格/能力；检查控制活动的质量及培训。

＞公私合作：检查合作伙伴的质量和效果。

＞疫苗免疫计划：根据天气条件（温度）、畜群移动和牧区生产高峰，在干燥的半湿润和湿润地区混合型作物-家畜养殖系统，依据农历从事劳动的农民的可用性，来选择一年中适当的时期。

＞免疫时间的质量/可靠性：提供疫苗免疫员干预措施的信息，与畜主约定可靠性。约定必须在及时公布，必须尊重计划的时间。

＞疫苗免疫的质量：生物安全措施，设备（针和注射器等）。

⑤疫苗覆盖率：

＞小反刍动物种群普查：知道种群的数量。如有必要，必须进行种群普查。

＞畜主的反应：要免疫的小反刍动物的情况介绍取决于畜主的意识和敏感性。宣传活动的质量至关重要，必须进行评估和相应地调整/加强。

⑥畜主和疫苗免疫员之间的关系必须不断建立和改进：如果他们不了解和不信任疫苗免疫员，不会带动动物免疫疫苗。最好使用社区性活动实施者（如社区动物卫生工作者）进行宣传，以及采用一切可能的手段进行成功的宣传活动，例如：格里奥（Griots，在非洲传统故事和寓言中，在维持强大的社区关系中起重要作用的人）、广播、宣传单、社区负责人等。

⑦除疫苗免疫外必须评价控制措施：因为小反刍兽疫控制或根除计划的有效性需结合一些补充活动。其中一些活动如下所列：

＞对畜群移动的控制；

＞农场生物安全；

＞市场水平和市场路线的生物安全性；

＞对上述问题的沟通；

＞流行病学监测目的或为早期发现疫病并应答；

＞消灭。

6 PPR免疫后评估的实施案例

6.1 设置场景假设

6.1.1 研究区域和流行病学单元

村庄将作为研究区域内的流行病学单元。共有2 000个村庄。可从兽医机构查到每个村庄的名称和位置。

在该地区有三种类型的畜牧体系。主要的畜牧体系大致分布如下：

（1）20%为牧区；

（2）30%为农牧区；

（3）50%为农业区；

> 2 000个村庄（流行病学单元）；
> 3种类型的畜牧系统；
> 5个年龄分层。

6.1.2 研究种群

在研究区域，小反刍动物群体由绵羊和山羊组成。

种群将按年龄分层如下：

（1）0 ~ 3个月[1]；

（2）3 ~ 6个月[2]；

（3）6 ~ 2个月；

（4）12 ~ 24个月；

（5）大于24个月。

绵羊和山羊的比例未知。假设在PMV血清学调查时，在血清学调查中包括的群体的年龄分布如下：

（1）40%的种群将处于6 ~ 12个月年龄层；

（2）50%的种群将处于12个月以上年龄层；

（3）10%的种群将处于大于24个月的年龄层。

6.2 方案

6.2.1 方案1——评估疫苗的免疫应答、群体的免疫力以及一段时间内种群免疫力的趋势

> 按照畜牧业生产系统，分配到100个村庄，每个村庄最多27只动物。

6.2.1.1 建立血清阳性率基线：第0天的调查

疫苗免疫活动将针对研究区域100%的村庄（$n = 2000$）。为了

1　不包括在疫苗免疫活动或血清学调查中。

2　包括在疫苗免疫活动中，但不在血清学调查中。

建立易感性水平基线并根据协议中指示的计算，至少对97个村庄的动物进行抽样。在每个村庄，最多选择9只动物，来自3个年龄层（6～12个月、12～24个月、大于24个月）。每个村庄共抽取27只动物。

（1）如何选择适当的村庄

在实施阶段，静态需要的村庄的数量将四舍五入至100，以免出现任何不协作事件。疫苗免疫活动期间将采集这100个选定村庄的样本。

步骤1.根据最常见的畜牧系统对村庄（由兽医当局提供数据）进行分类和编号。在本例中：

（1）1～400个村庄（20%）为放牧区；

（2）401～1000个村庄（30%）为农牧区；

（3）1001～2000个村庄（50%）为农业区。

步骤2.通过简单随机抽样从每个畜牧系统中选取部分村庄（例如使用随机表）。

（1）20个牧区的村庄（村庄样本总量的20%）；

（2）30个农牧区的村庄（村庄样本总量的30%）；

（3）50个农业区的村庄（村庄样本总量的50%）。

（2）如何在每个村庄选择适当的动物

在本例中，被抽样的一个村庄有50个畜群（饲舍）。对三个符合抽样条件年龄层动物各层抽取超过50个样品（6～12个月、12～24个月、大于24个月）。

步骤1.我们需要至少选择3个畜群（饲舍）。从50个畜群/饲舍中随机选择1个；按照每15个畜群（饲舍）选1个方法，再选出其余2个。

步骤2.在每个选定的畜群（饲舍）中随机选择符合条件的3个年龄层动物各3只；每个畜群（饲舍）共计9只动物。

在每个选定的村庄（畜群）中，将实施一份调查问卷，收集有关能确保疫苗免疫活动成功的因素的信息。

6.2.1.2 在首次免疫后的第30～90天和任何后续免疫时的血清学调查

按照畜牧业生产系统，分配100个村庄，最少3个畜群，每个畜群最多9只动物。

选择程序将遵循方案1所述的相同步骤。然而需注意第二次血清学调查（首次免疫后30～90天），将只需要6～12月龄的动物，而第三次血清学调查需要包括所有年龄层。

（1）列出所有流行病学单元。

（2）随机选择与畜牧系统相关有分层比例的流行病学单元[1]。

（3）随机选择至少3个畜群（饲舍）。

（4）随机从每个畜群（饲舍）选择9只动物。

方案1总结见图4-3-9。

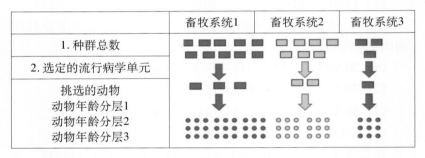

	畜牧系统1	畜牧系统2	畜牧系统3
1. 种群总数			
2. 选定的流行病学单元			
挑选的动物 动物年龄分层1 动物年龄分层2 动物年龄分层3			

图4-3-9 挑选过程总结

6.2.2 方案2 可以使用方案1中提出的要素和正文中给出的信息计算方案2。

6.2.3 方案3——在流行病学单元水平评估种群免疫力随时间变化的趋势（年龄层之间无差异）

将考虑2个年龄层：6～12个月和大于12个月的。该方案将需要2次抽样。第一次是建立基线水平，后续的血清学调查是在每

---

1 被抽样的村庄的数量为97（四舍五入到100，以免后续可能出现的损耗）。

次疫苗免疫后30 ~ 90天，用于估计群体免疫力趋势。在主文件中说明了要选择的流行病学单元的数目和动物的数目。

（1）如何在每个村庄选择适当的动物

步骤1.根据最常见的畜牧系统对村庄（由兽医当局提供数据）进行分类和编号。在本例中：

① 1 ~ 400个村庄（20%）为牧区；

② 401 ~ 1000个村庄（30%）为农牧区；

② 1 001 ~ 2 000个村庄（50%）为农业区。

步骤2. 通过简单随机抽样选择每个畜牧系统中村庄的数量（例如使用随机表）。

① 20个牧区村庄（村庄样本总量的20%）；

② 30个农牧区村庄（村庄样本总量的30%）；

③ 50个农业区村庄（村庄样本总量的50%）。

（2）如何在每个村庄选择适当的动物

步骤1. 我们需要至少选择3个畜群（饲舍）。在本例中，目标村庄有50个畜群。

①随机选择1个畜群（饲舍）；

②按照每15个畜群（饲舍）选1个原则，再选出其余2个畜群（饲舍）。

步骤2.每个村庄最多选取9只动物。如果信息已知，将根据年龄层按比例分配这些样本。在本例中：

①从"6 ~ 12个月"年龄层动物中选取4份样品（样品数量的40%）。

②从"大于12个月"年龄层动物中选取5份样品（样品数量的60%）。

如果不知道年龄层，则随机选择9只动物。

附件3.5 监测

1 引言

对于希望参与全球控制和根除策略（GCES）的国家，国家疫病控制计划（目前小反刍兽疫是其中重点疫病之一）应包含疫病的监测计划。所使用的监测方法将取决于该国的流行病学状况。然而，被动监测是在所有阶段能侦测和报告小反刍兽疫疫情暴发的最可能方式。

虽然主动监测计划也必须纳入国家控制策略，但传统方法本身可能不足以检测小反刍动物饲养系统中的小反刍兽疫，无论半集约化还是集约化。可能需要采用参与式监测方法，特别是在粗放型和放牧养殖系统中。

国家流行病学单元和区域流行病学网络（例如西非的EpiNet和东南亚的Epinet）将在设计国家监测计划和协调区域层面计划方面发挥重要作用。它们在收集、整理和解释临床监测小组提供的数据方面至关重要。

对于那些寻求无小反刍兽疫状况国家（地区）官方认可，或寻求疫情暴发后重新建立无疫状况，以及维持小反刍兽疫无疫状况的国家，OIE《陆生动物卫生法典》第14.7章第14.7.27条为其提供了监测指南。

2 目标

根据国家的流行病学情况，目标可以是下列的一个或几个：

（1）早期检测到疫病的临床症状；

（2）种群健康状况的评估，包括收集基线数据；

（3）疫病控制和预防活动优先领域的定义；

（4）计划、优先排序和进行研究的信息的提供；

（5）表明不存在PPR临床疫病或感染；

（6）确定和监控疫病或感染的流行、分布和发生。

3　背景和支持信息

为了设计和制订小反刍兽疫（PPR）监测计划，应收集基本信息，包括但不限于下列内容：

（1）利益相关者及其各自作用（例如：畜主、生产者协会、出口商、营销代理等）；

（2）目标（风险种群）和研究种群（例如：牲畜普查数据，畜牧养殖系统信息）；

（3）研究种群的可用性；

（4）疫苗免疫史（如适用）；

（5）合适的报告系统和IT系统；

（6）国家和地区层面的实验室和最近的能接收样品的实验室；

（7）风险因素，例如可能影响监测数据说明的种群危险因素。

4　方法

4.1　一般方法

从事小反刍兽疫预防、控制和根除的国家可以分为两种情况：无疫或受感染。根据一个国家所处的全球控制和根除策略（GCES）阶段，监测策略的目标可能有不同。

表4-3-7总结了全球控制和根除策略每个阶段（见全球控制和根除策略的第二部分2.1节）被纳入监测系统的建议监测类别（主

动/被动），表4-3-6建议了每个类别下的相关监测方法。

表4-3-6　针对小反刍兽疫全球控制和根除策略不同阶段的建议监测方法

阶段号	阶段名称	阶段目标	相关监测目标	监测类别	
				主动	被动
1	评估	流行病学情况评估（是否存在PPRV）	建立监测计划/策略以寻找疫病、收集基线数据并确定控制的优先领域	+++	+
2	控制	实施有针对性的控制策略	检测未免疫疫苗和免疫疫苗种群内疫病/病毒循环情况	++*	++
3	根除	实施全国控制计划和制定根除策略	通过在监测系统中纳入特定的易感染种群子群，提高监测系统的敏感性	++*	+++
4	后续根除	提供证据，证明不存在小反刍兽疫病毒循环	证明不存在小反刍兽疫病毒，关注有二次传入风险的地区	+*	+++*

注：+ 重要；++ 很重要；+++ 最重要。
* 在疫苗免疫的畜群中，血清监测用于PVE评价疫苗免疫计划的有效性。
** 遵守OIE《陆生动物卫生法典》第14.7章29～31条。

　　应当注意，为疫病监测目的而开展的血清学调查只限于未实施免疫的种群 ［阶段1、阶段2或阶段3未免疫的地区或生产系统，或在阶段4国家级（不免疫）］，以收集疫病感染和传播（阶段1、阶段2和阶段3）的基线数据并证明不存在病毒循环（阶段4）。

　　在实施免疫的种群中（阶段2和阶段3）进行血清学调查，以检测疫苗的免疫效果。这些方法已在附件3.4中说明。在没有DIVA疫苗和相关测试的情况下，需要安排诸如临床/综合征监测或参与式疫病监测（PDS）的方法来调查病毒侵入疫苗免疫群体的原因（表4-3-7）。

表 4-3-7　适用于全球控制和根除策略不同阶段的监测方法

主动监测	阶段	被动监测	阶段
血清学监测	1，4		
临床/综合征监测	1，2，3		
屠宰场专项调查	1，2	屠宰场（报告案例）	2，4
哨兵动物	2，3	哨兵动物（报告案例）	2，3，4
市场专项调查	1，2，3	市场（报告案例）	2，3，4
边界和检验站调查	3，4	边界和检验站的报告	3，4
参与式调查	1，2，3		
问卷调查	1，2		
		兽医报告系统/兽医辅助人员网络	1，2，3，4

4.2 用抽样进行血清学监测的方法证明未免疫种群中不存在病毒

OIE《陆生动物卫生法典》第14.8.3条和第14.8.4条说明了根据国际标准声明国家或地区无小反刍兽疫状况的条款规定。

OIE《陆生生物卫生法典》第14.8.27条至第14.8.33条规定了标准的小反刍兽疫监测策略。

4.2.1 定义

（1）目标种群

目标群体定义为在具有小反刍兽疫感染风险的特定场所的所有易感小反刍动物。

（2）研究种群

研究种群定义为监测计划中包括的种群；分层方法如下。

①年龄：

（a）0～3个月，仍有母源抗体，未免疫[1]；

（b）3～12个月；

（c）大于12个月[2]。

②畜牧系统：

（a）放牧：游牧，半定居；

（b）农牧：季节性迁移放牧，定居；

（c）混合作物-家畜小农业系统：定居。

（3）流行病学单元

流行病学单元的定义是基于该单元内所有小反刍动物有同样的感染小反刍兽疫病毒的机会。根据畜牧系统不同，村庄或畜群将被视为流行病学单元。

（4）病例定义

根据OIE《陆生动物卫生法典》第14.7.1条，当在易感家养小反刍动物中证明存在有小反刍兽疫病毒或针对小反刍兽疫病毒抗原的特异性抗体时，认为存在疫病。

4.2.2 假设

为了证明不存在疫病，在易感种群中将预期有下述的最小感染水平：

（1）5%[3]的流行病学单元将具有至少一个感染动物；

（2）每个流行病学单元内30%的的动物将受小反刍兽疫病毒感染。

---

1 受母源抗体保护，未纳入监测。

2 未纳入监测中，因为它们可携带有过去受感染或疫苗免疫产生的抗体。例如：购自其他地区并合入畜群的动物。

3 参数可以根据国家的流行病状况进行调整。

抽样策略将涉及两个阶段抽样，第一阶段是流行病学单元，第二阶段将是所选流行病学单元内的动物个体。

需要随机选择的流行病学单元的数量取决于研究区域中的流行病学单元的总数。相应的抽样数量如表4-3-8所示。

表4-3-8　95％置信区间下在流行病学单元可检测到至少5％感染率的样本大小

流行病学单元数量	样本大小（头）
0～25	所有
26～30	26
31～40	31
41～50	35
51～70	40
71～100	45
101～200	51
201～1 200	57
> 1 200	59

一旦随机选定流行病学单元，在每个流行病学单元随机选择的动物数量将取决于每个流行病学单元动物的总数。所需的样本大小如表4-3-9所示。

表4-3-9　95％置信区间下在流行病学单元检测到至少30％感染率的样本大小

流行病学单元数量	样本数量
1～6	所有
7～10	6
11～25	7
26～55	8
> 56	9

选择标准：（a）流行病学单元按照畜牧系统按比例分层分布；（b）通过简单随机抽样选择流行病学单元；（c）如果可行，通过系统随机抽样选择饲舍或畜群；（d）在至少3个饲舍中通过简单随机抽样选择动物。

4.2.4 基于PPRV传入或扩散的风险的监测

如果该国存在疫病传入风险（例如在与受感染国家接壤地区未免疫疫苗，区域内有大量的动物迁移或牲畜交易市场），则可通过使用结构化非随机监测，针对那些有更高感染风险（更大的畜群、大量的畜群迁移、边境地区共牧等）的流行病学单元，提高监测的敏感性。所需的样本数量将与4.2.3中所述的相同。

4.2.5 结果说明

动物血清学测试结果阳性表明可能存在病毒。此发现需要进一步的流行病学调查，以排除感染的存在。

5 实施监测

一旦制订了监测计划，就需要建立由公共机构与其私人合作伙伴（畜主、私人兽医和兽医专业人员）组成的监督小组，并组织后勤工作（例如物资运送、绘制地图、设备供应等）。需要提供监测活动的专门预算。报告系统（例如使用手机或常规的基于纸面的方法）需要在实地应用之前进行测试。

监督小组人员需要在开始活动前接受培训，并且培训内容必须定期更新。

必须使畜主知道监测的目的和对象以及将带来的收益；因此，应当在监测活动之前开展宣传运动。

附件3.6 世界动物卫生组织有关小反刍兽疫的标准

世界动物卫生组织（OIE）专门针对小反刍兽疫（PPR）的标准参见现行的《陆生动物卫生法典》（以下简称《陆生法典》）第14.7章以及《陆生动物疫病诊断和疫苗手册》（以下简称《陆生手册》）第2.7.11章中。

根据OIE规定，相关国家可申请OIE官方无小反刍兽疫状态认可及国家小反刍兽疫控制计划认可的一种疫病。

1 OIE《陆生动物卫生法典》中的标准

1.1 小反刍兽疫专用标准

有关小反刍兽疫的OIE标准参见《陆生法典》以下部分：

（1）第二卷中适用于OIE动物疫病名录和其他对国际贸易具有重要意义的疫病的建议；

（2）羊亚科章节；

（3）第14.7章"小反刍兽疫病毒感染"。

其中，第14.7章包括34项条款，其中5条关于国家状况，19条关于进口商品的建议，1条关于病毒灭活，7条关于监测，以及1条关于国家官方控制计划认可。

——第14.7.1条 一般规定

——第14.7.2条 安全商品

——第14.7.3条 无小反刍兽疫国家或地区

——第14.7.4条 无小反刍兽疫生物安全隔离区

——第14.7.5条 小反刍兽疫病毒感染国家或地区

——第14.7.6条 在无小反刍兽疫国家或地区内建立控制区

——第14.7.8条 从无小反刍兽疫国家或地区进口的建议

—— 第14.7.29条 监测策略

—— 第14.7.30条 野生动物监测

—— 第14.7.31条 对成员国申请OIE无小反刍兽疫状况官方认可的额外监测要求

—— 第14.7.32条 恢复无疫状况的额外监测要求

—— 第14.7.33条 小反刍兽疫监测所用的血清学测试的使用和说明

—— 第14.7.34条 OIE认可小反刍兽疫的官方控制计划

1.2 适用于所有疫病的通用标准（横向标准）

OIE《陆生法典》的某些部分章节涉及传染病，如：

—— 第一部分 动物疫病诊断、监测和报告

—— 第1.1章 疫病和流行病学信息报告

—— 第1.2章 疫病、感染和侵染列入OIE名录的标准

—— 第1.3章 OIE列出疫病的指定和替代诊断测试

—— 第1.4章 动物卫生监测

—— 第1.6章 OIE自我声明和官方认可的程序

—— 第二部分 风险分析

—— 第2.1章 进口风险分析

—— 第三部分 兽医机构质量

—— 第3.1章 兽医机构

—— 第3.2章 兽医机构评估

—— 第3.3章 沟通交流

—— 第3.4章 兽医立法

—— 第四部分 一般建议：疫病预防和控制

—— 第4.1章 活动物标识和可追溯的一般原则

—— 第4.2章 设计和实施标识体系以达到动物可追溯性

—— 第4.3章 区域区划和生物安全隔离区区划

2 OIE《陆生动物诊断试验和疫苗手册》中的标准

2.1 小反刍兽疫专用标准

有关小反刍兽疫诊断测试和疫苗的OIE标准可参见《陆生手册》（2013年5月OIE全球代表大会采纳版本）第2.7.11章的第2卷第2部分（OIE疫病名录和其他国际贸易重要性疫病）。该章内容如下：

A. 介绍
B. 诊断技术
　1. 样品收集
　2. 病原鉴定
　3. 血清学试验

2.2 适用于所有疫病的通用标准（横向标准）

OIE《陆生手册》第一卷部分章节涉及传染病，比如：

①前言 包括国际贸易采用的测试方法清单。

②第一部分 关于一般标准。

—— 第1.1.1和第1.1.2章 收集、提交、储存和运送诊断标本

—— 第1.1.3和第1.1.4章 生物安全和兽医诊断微生物实验室和动物设施中的生物安全和生物风险及质量管理

—— 第1.1.5章 传染病诊断分析的原理和方法

—— 第1.1.6至第1.1.10章 兽医疫苗生产（包括诊断生物学）的原则、最低要求、无菌检验、质量控制和疫苗库的质量标准

附件4 小反刍兽疫控制的研究需求[1]

作为全球控制和根除小反刍兽疫的关键因素的工具是：(a) 一种常见的高效疫苗；(b) 易于实施的特异诊断测试。

尽管已经存在有效控制小反刍兽疫的工具，仍需要在特定领域进行进一步研究。通过促进活动和加速该计划的进程，使这种控制和根除疫病的方案更为有效。研究不仅需要改进疫苗和诊断方法，还需要提高我们对小反刍兽疫流行病学的了解，以便在控制计划和疫病防控立法时有所参考。评估小反刍兽疫的社会经济影响将有助于改善控制策略，使其适应区域和生产系统的现实情况。

1 小反刍兽疫疫苗的研究需求

目前可用的疫苗是小反刍兽疫病毒（PPRV）减毒活疫苗。这些疫苗非常有效，可以提供持久的保护。小反刍兽疫病毒只有一种血清型，并且任何疫苗株似乎都能够保护宿主免受自然界病毒株的攻击。

目前市场上存在疫苗的主要限制之一是耐热性有限。然而，许多实验室已经解决了此问题并且已经开发用于改善小反刍兽疫疫苗耐热性的技术，现在必须将其转化给疫苗生产商（Diallo 等，2007）。

目前使用的小反刍兽疫疫苗的第二个缺点是不能区分感染动

1　本附件由 Adama Diallo 和 Renaud Lancelot [法国农业发展研究中心（CIRAD）]、Tabitha Kimani [肯尼亚，联合国粮食及农业组织（FAO）] 和 Nicoline De Hann [斯里兰卡，国际农业研究磋商组织（CGIAR）] 联合编制。

物和免疫动物（DIVA）（Diallo，2003；Diallo 等，2007）。DIVA 疫苗在实施疫病监测与疫苗免疫共行的阶段是非常有用的。需要开展相应研究，目前正在进行开发和验证这种疫苗。例如：表达一种或两种小反刍兽疫病毒表面糖蛋白的腺病毒或羊痘疫苗已显示可以起到保护小反刍动物免受小反刍兽疫病毒感染的作用，并提供 DIVA 能力（Diallo 等，2007；Herbert 等，2014）。这种类型疫苗的保护期限尚待确定。由于不能保证这样的载体疫苗最终将会成功，尤其是针对羊痘载体疫苗，存在针对载体产生免疫原性的情况，因此有必要继续研究探索其他 DIVA 疫苗的和相关测试，尤其是小反刍兽疫病毒标记（转基因）疫苗的研发。现在已经建立了转基因疫苗的生产技术（Hu 等，2012）。

小反刍兽疫病毒改良弱毒株的研发主要从以下两种方式：（a）表达有高度免疫原性的外源蛋白/肽（阳性标记）用于免疫动物的检测；（b）敲掉小反刍兽疫病毒基因组中对应产生天然免疫原性蛋白的一个基因（阴性标记），使其能区分正常病毒感染的动物（存在针对该蛋白抗体，而疫苗不表达该蛋白）和疫苗免疫的动物（没有针对该阴性标记的抗体）。

疫苗免疫计划的主要费用是疫苗投送。通过同时免疫几种小反刍动物疫病，可以明显实现效益/成本改善。这个问题可以通过重组疫苗（例如羊痘/小反刍兽疫重组疫苗，Diallo 等，2007）或通过小反刍兽疫和绵羊/山羊痘疫苗的联合免疫来解决，已经显示这种方法有效（Martrenchar 等，1997；Hosamani 等，2006）。对于联合疫苗免疫策略，需要进一步研究以确定不同疫苗组合的安全性和有效性。

2　诊断测试技术的研究需求

自 1990 年以来，小反刍兽疫诊断试验研发已经取得了相当大的进展（Forsyth 和 Barrett，1995；Libeau 等，1994，1995；Singh 等，2004a，2004b；Couacy 等，2002）。虽然这些测试有效，但仍需要进行研究以便可以不断改进测试并适应在根除小反刍兽疫的过程中可能出现的任何新情况。

如前所述，鼓励开展的，甚至在小反刍兽疫根除计划第一阶段就开始的一个研究领域是，评估除了家养绵羊和山羊之外的物种在小反刍兽疫流行病学中的潜在作用。为此，目前用于小反刍兽疫血清诊断的测试，必须要在骆驼或某些野生动物的血清样品中验证。

还需要研发低成本的诊断方法，尤其是可以在实地或在技术水平不高的情况下应用的检测病毒的简便方法，例如在发生小反刍兽疫地方性流行的主要国家实施（Baron 等，2014）。此外，多疫病诊断测试将是非常有用的，小反刍兽疫控制策略中也鼓励其他小反刍动物疫病与小反刍兽疫共同免疫。在根除计划的最后阶段，还需要进行多种疫病的诊断测试。当出现类似小反刍兽疫疫病症状时，必须进行调查以确认是否存在小反刍兽疫并给予动物饲养者正确的诊断结果。

小反刍兽疫病毒属于麻疹病毒组，其中包括麻疹和犬瘟热病毒。它们的基因组由单个核糖核酸（RNA）分子组成。RNA病毒的特征之一是易突变。在研发合适的测试时，必须要考虑到此类潜在事件。

3 小反刍兽疫社会经济影响的研究需求

绵羊和山羊对于非洲、亚洲和中东的贫困人口的财富积累起着重要作用，而小反刍兽疫引起的发病率和死亡率高达80%，是绵羊和山羊生产的主要制约因素，因此受到社会的重点关注。

尽管对小反刍兽疫的关注日益增加，但要充分了解这种疫病对全世界小反刍动物饲养者和国家经济体生计的影响，仍然还有很多工作要做，因此需要进行研究以更好地评估绵羊和山羊在农业中的作用和重要性，并了解它们提供的多种用途和服务以及它们在不同农业系统中发挥的作用。这将有助于通过社会经济方法来更准确地评估小反刍兽疫对绵羊和山羊生产的影响，并相应地调整控制策略，从而获得全面的了解。对于小反刍兽疫，在该领域有仍一些研究缺口需要解决。

围绕小反刍兽疫控制的主要经济和社会问题包括：（a）通过后效研究调整控制措施；（b）确定经济上有利的和适合于受感染国家普遍农业系统和社会经济状况的最佳策略；（c）将小反刍兽疫控制纳入整体小反刍动物卫生和发展计划的方法；（d）了解小反刍动物价值链，包括人员、决策和激励政策；（e）提高对小反刍动物及其生存条件，以及政府和牲畜饲养者对控制小反刍兽疫的重视程度；（f）资助策略、成本回收和有效的疫苗投送系统。

目前，尚未充分了解小反刍兽疫影响。因为只是刚开始有各国报告信息，由于各国使用了不同的分析方法和手段，所以结果没有可比性。为了改进关于小反刍兽疫社会经济学的信息，研究人员需要研发合适的分析方法/模型、手册和框架，来指导不同农业系统的社会经济研究以及能够比较国家或地区之间的信息。这些框架应有助于得出关于上述所有社会经济问题的证据。目前，用于动物疫病的大多数分析方法对小反刍动物系统的关注不够，尤其是在非商业化粗放型系统和小农型系统。

还需要进行更多的研究来了解与小反刍动物生产相关的行为和切入点、激励和抑制因素。这些系统中小反刍动物所提供的产品和服务，包括有形和无形的产品和服务。根据小反刍动物在粮食来源、饲舍收入和资产积累的生计方面的作用，诸如保险、牧场改善和社会文化角色等无形服务对牲畜饲养者可能具有更重要的意义，相当于货币价值。评估和比较所有产品和服务的发展分析方法将有助于突出小反刍动物的真正价值。目前，还缺乏这种框架。如果没有此类框架，就无法比较不同的系统和国家影响的信息。导致的结果就是，不能制订合适的行为计划且无法归因合适的责任。这项社会经济研究必须考虑从全面参与式疫病搜索（PD）中获得的信息。无论是在根除策略初始阶段、实施过程阶段中或是直到根除阶段，这些信息可以提供国家水平上的小反刍兽疫的年临床发病率的估算。

4 流行病学的研究需求

小反刍兽疫主要是家养绵羊和山羊的疫病。然而，有迹象表明小反刍兽疫病毒可能会在其他物种如小反刍动物野生动物和骆驼中引发疫病（Khalafalla等，2010；Bao等，2011；Hoffman等，2012）。这种情况主要是受感染家养绵羊和山羊的小反刍兽疫泛滥的结果，并且不可能对疫病控制计划产生实质性影响。至于牛瘟，众所周知，许多反刍动物种类对牛瘟病毒敏感。在牛瘟根除的疫苗免疫运动中，只考虑了水牛和家牛，因为只有它们是这种病毒最易感染的物种，该策略导致了根除计划的成功实施。虽然可预期这种情况可能和小反刍兽疫类似，但是必须进行研究来评估野生动物和骆驼在小反刍兽疫流行病学中的确切作用。需要进一步研究的其他方面有：

（a）小反刍兽疫传播模型的建立是基于受感染动物的排毒持续期间和排泄物中病毒颗粒存活情况；

（b）小反刍动物群体动态变化（Lesnoff等，2000），多宿主传播途径（直接或间接）和空间异质性（复合种群传播模型）；

（3）通过监控小反刍兽疫病毒循环情况（暴发调查）评估小反刍兽疫遗传变异性及其在空间和时间上的变化，这种评估在疫苗免疫地区特别重要，可以快速检测潜在的小反刍兽疫（PPR）突变并最终研发适合的测试。

参考文献

Bao J., Wang Z., Li L., Wu X., Sang P., Wu G., Ding G., Suo L., Liu C., Wang J., Zhao W., Li J. & L. Qi (2011). Detection and genetic characterization of peste des petits ruminants virus in free-living bharals (*Pseudois nayaur*) in Tibet, China. *Res. Vet. Sci.*, 90, 238–240.

Baron J., Fishbourne E., Couacy-Hyman E., Abubakar M., Jones B.A., Frost L., Herbert R., Chibssa T.R., Van′t Klooster G., Afzal M., Ayebazibwe C., Toye P., Bashiruddin J. & Baron M.D. (2014). Development and testing of a field diagnostic assay for peste des petits ruminants virus. *Transboundary Emerging Dis*, 61, 390-396.

Diallo A. (2003). Control of peste des petits ruminants: classical and new generation vaccines. *Dev. Biol. Basel*, 114, 113-119.

Diallo A., Minet C., Le Goff C., Berhe G., Albina E., Libeau G. & Barrett T. (2007). The threat of peste des petits ruminants: progress in vaccine development for disease control. *Vaccine*, 25, 5591-5597.

Forsyth M.A. & Barrett T. (1995). Evaluation of polymerase chain reaction for the detection and characterisation of rinderpest and peste des petits ruminants viruses for epidemiological studies. *Virus Res.*, 39, 151-163.

Herbert R., Baron J., Batten C., Baron M. & Taylor G. (2014). Recombinant adenovirus expressing the haemagglutinin of peste des petits ruminants virus (PPRV) protects goats against challenge with pathogenic virus; a DIVA vaccine for PPR. *Veterinary Research*, 45, 24.

Hoffmann B., Wiesner H., Maltzan J., Mustefa R., Eschbaumer M., Arif F.A. & Beer M. (2012). Fatalities in wild goats in Kurdistan associated with peste des petits ruminants virus. *Transboundary Emerging Dis.*, 59, 173–176.

Hosamani M., Singh S.K., Mondal B., Sen A., Bhanuprakash V., Bandyopadhyay S.K., Yadav M.P. & Singh R.K. (2006). A bivalent vaccine against goat pox and Peste des petits ruminants induces protective immune response in goats. *Vaccine*, 24, 6058-6064.

Hu Q., Chen W., Huang K., Baron M.D. & Bu Z. (2012). Rescue of recombinant Peste des petits ruminants virus: creation of a GFP-expressing virus and application in rapid virus neutralization test. *Veterinary Research*, 43, 48.

Khalafalla A.I., Saeed I.K., Ali Y.H., Abdurrahman M.B., Kwiatek O., Libeau G., Abu Obeida I. & Abbas Z. (2010). An outbreak of peste des petits ruminants (PPR) in camels in the Sudan. *Acta Trop.*, 116, 161–165.

Lesnoff M., Lancelot R., Tillard E. & Dohoo I.R. (2000). A steady-state approach of benefit-cost analysis with a periodic Leslie-matrix model: presentation and application to the evaluation of a sheep-diseases preventive scheme in Kolda, Senegal. *Prev. Vet. Med.*, 46, 113–128.

Libeau G., Diallo A., Colas F. & Guerre L. (1994). Rapid differential diagnosis of rinderpest and peste des petits ruminants using immunocapture ELISA. *Vet. Rec.*, 134, 300-304.

Libeau G., Prehaud C., Lancelot R., Colas F., Guerre L., Bishop D.H. & Diallo A. (1995). Development of a competitive ELISA for detecting antibodies to the peste des petits ruminants virus using a recombinant nucleoprotein. *Res. Vet. Sci.*, 58, 50-55.

Martrenchar A., Zoyem N. & Diallo A. (1997). Study of a mixed vaccine against peste des petits ruminants and capripox infection in Northern Cameroon. *Small ruminant Research*, 26, 39-44.

Singh R.P., Sreenivasa B.P., Dhar P., Shah L.C. & Babdyopadhyay S.K. (2004a). Development of monoclonal antibody based competitive-ELISA for detection and titration of antibodies to peste des petits ruminants virus. *Vet. Microbiol.*, 98, 3-15.

Singh R.P., Sreenivasa B.P., Dhar P. & Bandyopadhyay S.K. (2004b). A sandwich-ELISA for the diagnosis of Peste des petits ruminants (PPR) infection in small ruminants using antinucleocapsid protein monoclonal antibody. *Arch. Virol.*, 149, 2155-2170.

附件5 成　　本

摘　　要

据估计，在非洲、中东及亚洲有3.3亿贫穷人口从事牲畜养殖，绵羊和山羊对于贫穷家庭的生计以及食品安全方面具有重要的作用。绵羊和山羊对于管理者及牲畜养殖者也非常重要，因为它们提供优质和具有营养价值的食物（奶、奶制品及肉类），在一些体系里还有纤维及羊毛，这样一来，可为儿童学费和其他食物开支带来现金，也可以积累财富。此外，这些动物通过为农业系统生产有机肥而将营养回归到土壤。

小反刍兽疫不仅对管理及养殖绵羊和山羊的家庭具有巨大的影响，而且对生产系统提供的定义明确且复杂的价值链也至关重要。绵羊和山羊生产及价值链的发展需要稳定性，因此，去除诸如小反刍兽疫等跨境动物疫病应该是决策者的首要任务，这些决策者致力于降低食品价值链对涉及的人口及其供应的客户的风险。控制和根除小反刍兽疫等措施不仅可以提高小反刍动物体系的收入，也能够降低成本，从而提高盈利能力和生产力。这又反过来促使小反刍动物经济有效促进经济发展。

十五年期的全球小反刍兽疫策略估计的最大未贴现费用为76亿～91亿美元，第一年未贴现费用为25亿～31亿美元。发病率区间较低为16.5%，预期采取有效免疫策略的国家小反刍兽疫发病率会有快速的下降。在所有受测试的情况中，通过详细的流行病学和经济学分析，发现针对风险畜群的疫苗免疫活动可以明显减少很多。这些成本也提供了一个关于疫苗免疫成本比较实际的数字，并涵盖了不同情况下投送成本的数额。

有一点值得指出，该策略的第二个层次（加强兽医机构）的成本和第三个层次（结合其他疫病）的成本并未包含在本评价中。对兽医机构的支持是在各国评估其需求之后的具体投资对象，尤其是通过使用PVS差距分析工具进行评估之后。结合小反刍兽疫控制和根除活动来应对其他疫病的防控成本非常难以估计，因为这需要在区域及国家研讨会讨论之后确定要处理的优先疫病清单，并随后定义具体的应对其他疫病的控制策略。但是支持应对小反刍兽疫活动的投资将会为兽医机构活动（例如监测系统）带来益处，最终实现所有目标国家动物卫生状况的改善。

这些费用需要换算成提议措施保护的动物的数量——接近10亿只绵羊和10亿只山羊。粗略估计，每只羊每年的平均成本为0.27～0.32美元。相对小反刍兽疫每年的全球影响评估，全球策略的估计成本较小。据估计，由于小反刍兽疫，每年的生产损失和动物死亡导致的损失为12亿～17亿美元。小反刍兽疫疫苗免疫的预计支出为2.7亿～3.8亿美元。因此，目前仅小反刍兽疫每年造成的损失为14.5亿～21亿美元，随着根除计划的成功实施，该影响则会降低到0。重要的是要意识到即使没有该项策略，15年时间实施没有针对性的疫苗免疫计划（不可能根除）也要花费40亿～55亿美元。总之，当前结构中每只绵羊或山羊的全球支出将在0.14～0.20美元，相比协调疫病根除项目来说基本上没有经济利润。

既然小反刍兽疫具有重要的影响且可使用已知的技术，强烈建议资助并启动"全球控制和根除小反刍兽疫控制策略"。最终成本可能不同于本报告中的成本估计值，但是该估值表明小反刍兽疫的成功控制和最终根除将会带来经济效益，并惠及世界各地众多人群的生计。

致　谢

本文作者衷心感谢OIE和FAO的小反刍兽疫团队，尤其是Joseph Domenech的支持和指导，法国农业发展研究中心（CIRAD）的Renaud Lancelot根据各国农业体系对小反刍动物种群的评估，以及Juan Lubroth和Eran Raizman对本文的仔细修改。Felix Njeumi和Subhash Morzaria也为本文做出了贡献。

1　引言

小反刍兽疫是一种由小反刍兽疫病毒引起的绵羊和山羊的急性、高度传染性疫病，小反刍兽疫病毒属于副黏病毒科麻疹病毒属。小反刍兽疫主要是一种绵羊和山羊疫病，但牛、骆驼、水牛和一些野生的小反刍动物也会感染本病，表明小反刍兽疫病毒已经从家养绵羊和山羊向外传播。其中山羊为重度感染种群，而绵羊通常只是轻微感染。

小反刍动物的发病率和死亡率风险不同，但可分别达到100%和90%。在流行地区该病发病率和死亡率风险通常较低，除非伴有其他并发感染，新生动物死亡率维持在20%。在有本病持续流行的干旱及半干旱地区，小反刍兽疫病毒（PPRV）是继发细菌感染的主要诱因。

考虑到小反刍兽疫的重要性，FAO以及OIE制定了《全球控制和根除小反刍兽疫策略》，为期15年，该策略是《全球跨境动物疫病防控框架》（GF-TADs）的一部分。

本文主旨是对国家、区域及全球层面的为期15年的《全球控制和根除小反刍兽疫策略》成本进行估计，该策略最终目标是实现全球根除小反刍兽疫。

有一点值得指出，该策略的组分2（加强兽医机构）的成本和组分3（结合其他疫病控制工作）的成本未纳入本评估。对兽医机构的支持是在各国评估其需求之后的具体投资对象，尤其是通过使用PVS差距分析工具进行评估之后。结合小反刍兽疫控制和根除活动来应对其他疫病的控制成本非常难以估计，因为将在区域及国家研讨会讨论之后才能确定要处理的优先防控疫病清单，并随后对具体的应对其他疫病的控制策略进行定义。但是支持应对小反刍兽疫活动的投资将会为兽医机构活动带来益处（例如监测系统），最终有助于所有目标国家动物卫生状况的改善。

本文主要依据于我们在2014年1月至2014年11月咨询专家讨论及提供的数据。在评估开始阶段，我们面临两个主要限制：（a）由于单个国家的成本信息不方便获取，估计的成本不可当作任何国家的"预算"。（b）由于全球策略创建了目前正在实施的小反刍兽疫控制计划，经济学理论表明我们需要调查增量投资（或"追加投资"或"边际投资"）如何带来额外收益。但是，由于国家层面不便提供计算增量成本的信息，本文档将首先汇报"总成本"。这一举措可视为初始阶段，允许精确预算，重新审核成本，同时再次评估成本效益较高的地区。

本附件第二节简单介绍了本研究的背景包括四个阶段策略循序渐进的阶段式方法，各阶段国家的特征，以及国家、区域及全球层面使用的工具及机制（例如实验室和流行病学网络）。第三节利用Tisdell（2006）模型来阐释动物疫病控制计划的成本及好处，尤其是当国家在起初阶段面临最初的固定收入时。第四节提供了全球策略在国家、区域及全球层面的数据、方法和我们的初始成本估算。第五节为总结部分。我们也记录了用于计算全球策略成本的电子表格。电子表格设计比较灵活，所以在有新信息可取时以及调查了其他替换方法时，可以轻松改变假设和数据。

2 背景

2.1 应对小反刍兽疫的渐进的分阶段方法

小反刍兽疫的控制可通过各国对自身疫病状况的确认过程来获得帮助，该过程基于不同国家对该病的理解及为管理疫病采取的措施。还将鼓励各个国家在15年期间内逐步改进其状态，目标是在15年后各国均能报道达到无小反刍兽疫状况。

在策略最初阶段（2015），有3个国家处于阶段0，30个国家处于阶段1，有29个国家处于阶段2，11个国家处于阶段3。

2015年，有66个国家受到疫病感染或疑似感染，包括假定是受到感染的处于阶段0的国家以及部分依然没有得到世界动物卫生组织确认的无小反刍兽疫的部分国家（假定2015年部分被认为处于阶段3的国家已经无疫）。

关于疫苗免疫，一些无疫国家可以决定对临近受到感染的区域/国家的边界地区进行疫苗免疫。但必须基于国家的具体情况。

最终，预期在全球根除计划期间在某些时段有70多个国家接受疫苗免疫。

考虑到在阶段2和阶段3仅有部分国家将实施疫苗免疫，并不是所有的小反刍动物种群都要包括在内，为计算成本，建议采取下列原则。但是，这一数额并非平均值，而更多的是最大成本。根据国家或区域状况的变化，实际成本要低一些。当监控及评估调查发现小反刍兽疫发病率快速降低时，将会要求进行控制及根除策略的更新。

（1）处于阶段2的国家：在第1年对50%的成年目标种群实施疫苗免疫，并在第2年再次免疫。相比牧区及农牧区，对于混合种植/养殖区每年进行1 ~ 2次免疫活动。然后对100%的新生动物

（约占整个种群的40%）进行两年以上的疫苗免疫。

（2）位于阶段3的国家：对成年动物的疫苗免疫策略将取决于阶段2的成功，因为阶段2的有效性是通过疫苗免疫后评估（PVE）调查来测量的。如果在疫苗免疫区没有发现小反刍兽疫，那么阶段2余下50%未免疫的成年动物将在随后两年按照上文描述的方案进行免疫（例如每年50%的免疫覆盖率）。如果不能证明在疫苗免疫区无小反刍兽疫，则成年动物目标覆盖率为100%。因此，为了实现建模目的，阶段3将使用75%的目标覆盖率来解释这一差异。随后的成年动物免疫活动将连续两年瞄准青年畜群，以达到100%覆盖率，而不论疫苗免疫后评估结果如何。

（3）如果一个国家直接想从阶段1进入阶段3，跳过阶段2，那么对于100%的畜群将在连续两年内进行疫苗免疫。与以上方案相同，根据生产体系（放牧-农牧或湿润的农业系统）每年进行一次或两次疫苗免疫活动，若合适，则根据疫苗免疫后评估结果对新生动物进行一次以上的疫苗免疫。

一致认为阶段2和阶段3所需的疫苗免疫水平将根据阶段1的结果（流行病学调查结果）和阶段2（疫苗免疫结果）发生变化，而且这些估算可能过高估计了为有效控制疫病而需要的疫苗免疫的实际成本。因此，为解释所有情形，介绍了高、中和低成本策略，来反映第二阶段和第三阶段所需的疫苗免疫活动的不同水平。

以上描述的原则反映了目前采纳的全球最佳控制和根除策略这一假设。

如果该策略的全球成本大部分来自疫苗免疫，待免疫小反刍动物比例发生任何变化，都会对全球成本产生重要的影响。

但是根据阶段1对小反刍兽疫现状评估结果以及阶段2和阶段3通过监控和评估调查评估的疫苗免疫活动的结果，待免疫种群的比例可考虑如下。（a）阶段2：目标免疫种群的比例范围可能为整个种群的20%～50%。（b）阶段3：对在阶段2没有免疫的种群进行免疫时将根据阶段2疫苗免疫活动的结果以及该国流行病学的发展而变化，免疫比例范围可按照不同情形进行计算，可达20%～75%（该比例用于实际计算）。

不同的估算则与下列假设有关：(a) 与暴发调查相关的假设（较低的预算将不能包括各个阶段暴发调查的背景水平）；(b) 不同的主动监测策略（疫苗免疫活动完成后，较低的预算将迫使更多的采取集中采样方式，而高成本策略的集中采样虽然较少但是在控制的每个阶段都有采样工作）。关于疫苗免疫活动的频率也会被提及，这是根据具体的环境而定的（固定系统每年只进行一次疫苗免疫活动，而不是两次，所以成本较低）。

2.2 各国小反刍兽疫现状特点

在受感染地区（包括初始阶段的3个国家、阶段1的30个国家、阶段2的29个国家和阶段3的11个国家），不同小反刍兽疫控制阶段的经济结构和收入水平均有大幅变化（图4-5-1）。

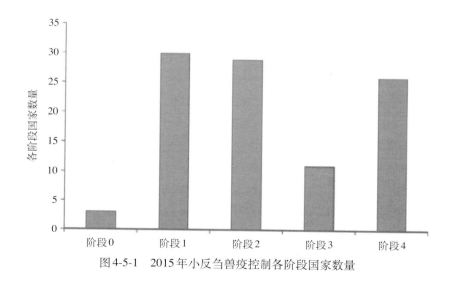

图4-5-1　2015年小反刍兽疫控制各阶段国家数量

图4-5-2显示了各国在各个阶段的国内生产总值农业附加值平均比例。阶段1和阶段2的国家其收入大多依赖农业，农业附加值中间数分别占国内生产总值的14%、19%和22%。相比之下，无小反刍兽疫国家依赖农业程度最低，其农业收入仅占国内生产总值的10%。

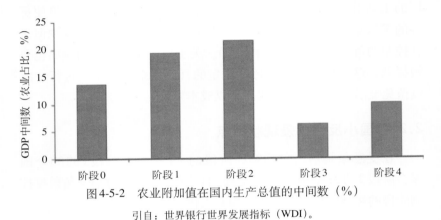

图4-5-2　农业附加值在国内生产总值的中间数（%）

引自：世界银行世界发展指标（WDI）。

图4-5-3列举了小反刍兽疫各阶段人均国民国内生产总值（GNI）。阶段1的国家是最贫穷的国家，其人均国内生产总值中

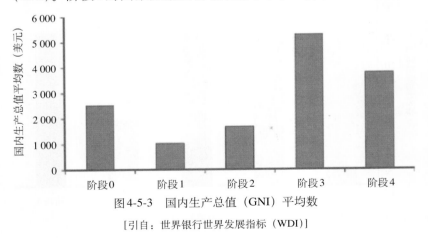

图4-5-3　国内生产总值（GNI）平均数

[引自：世界银行世界发展指标（WDI）]

间数为1 040美元（而阶段3的国家的中间数为5 290美元），但是在无小反刍兽疫国家，2010年人均国内生产总值中间数平均达到23 054美元。

2009年，易感小反刍兽疫的肉类和活畜的世界出口额达到85亿美元，阶段3和无小反刍兽疫国家（阶段4）的肉类和活畜的出口额分别占5%和31%。大多数出口额来自阶段2的国家（61%），代表了阶段2这些国家的大多数动物。图4-5-4体现了活畜及肉类在小反刍兽疫控制阶段占人均国内生产总值的出口额。2009年，阶段3和无小反刍兽疫国家肉类和活畜人均产品出口额分别为12.3美元和17.6美元。初始阶段、阶段1和阶段2的国家没有多少机会可以参与（官方）出口市场，按照人均国内生产总值，它们的平均出口额每年不到5.0美元。感染小反刍兽疫对于这种低水平市场参与有重要影响。人们也意识到这些国家牲畜行业的一些结构限制，包括相对较少的牲畜种群以及对加工和市场基础设施投资的不足。

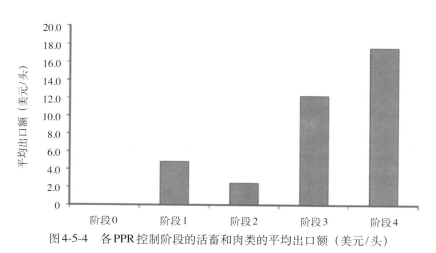

图4-5-4　各PPR控制阶段的活畜和肉类的平均出口额（美元/头）

［处于阶段0的国家没有出口数据。引自：联合国商品贸易统计数据库系统；世界银行世界发展指标（WDI）］

2.3 实验室和流行病学网络

　　全球策略提议的实验室和流行病学网络具有其层次结构——国家、区域和全球层面，其主要活动聚集在区域层面。区域结构旨在为全球策略提供有效且高效的区域方法来解决外部效应、流行病学、经济范围以及质量保证。

　　动物疫病的跨境本质意味着存在负面的外部效应（Ramsay、Philip和Riethmuller，1999），因为国家参与（或不参与）控制计划都会降低（或增加）其他国家感染的风险。通过区域方法，国家来协调并统一控制或根除计划，这一方法长久以来已被认为是解决牲畜传染病和跨国界传染病的主要策略。

　　区域网络中包含的区域/次区域的地理位置定义是基于相关区域经济共同体（REC）成员国名单，区域经济共同体（REC）旨在建立并管理该网络。控制阶段每个区域的国家数量如图4-5-5所示。

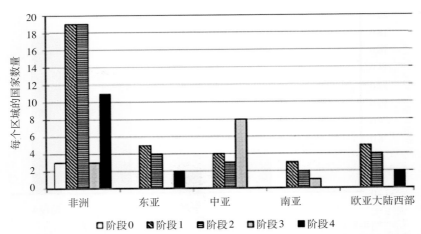

图4-5-5　2015年按照区域和阶段划分的全球小反刍兽疫控制策略对应国家数量

3 牲畜疫病控制的经济学原理[1]

Tisdell（2009）开发了一个模型将控制计划的收益与其总成本联系了起来。根据Tisdell，疫病控制的净收益（NB）如下：

$$NB=f(E)-TC$$

式中：$f(E)$ 为收益函数，E 代表控制疫病的可变成本的水平。控制计划的总成本（TC）包括潜在的启动或固定成本（K）和可变的费用（E）。所以：

$$TC=K+E$$

如果收益函数以递减率增加，即：如果 f' 大于0和 f' 小于0，控制计划的净收益将最大化，此时 E 的附加值致使控制计划的额外经济效益等于投资的额外价值。

$$f'(E^*)=1$$

式中：E^* 为最大支出。

Tisdell模型很方便地解释了位于小反刍兽疫（PPR）控制不同阶段国家的控制计划成本和效益。该图的一个见解就是，处于初始和较低阶段的国家或许会面临启动成本，要经过一段时间才能实现收益大于成本。此外，鉴于许多PPR流行国家资源稀缺，参与项目的固定成本对他们而言可能会非常高。因此，将国际社会的这些固定成本纳入进来的"大推动力"对于这些国家至关重要。这些成本不仅是对小反刍兽疫计划有利，而且对大规模的动物健康和疫病问题也有利，因此，将所有这些成本划分给小反刍兽疫从严格意义上来说不是正确的举措。总之，小反刍兽疫计划通过提高人类的能力和基础设施，将大幅促进兽医机构的整体发展。

因此，Tisdel模型的重要意义在于动物疫病管理的固定成本和

1　本节主要来自Tisdel（2006）的研究成果。

可变成本之间的区别。在提供的成本分析背景中，假定固定成本因素诸如提供训练有素的员工、实验室和运输等基础设施，将能够通过现有的兽医机构或在PVS差距分析后对兽医机构的投资和补救来做出解释。因此，成本主要是针对与小反刍兽疫相关的其他监测和控制活动的可变成本。

4 全球小反刍兽疫策略成本——2015—2030

以下是用于估算2015—2030年全球小反刍兽疫计划成本模型的暂定结果。每个国家的成本取决于该国家在控制计划之初所处的阶段及其通过这些阶段预期的转变。

4.1 全球及区域层面的成本

为支持全球根除计划，成立了一个全球工作组来协调区域及国家层面的活动，另外共有9个区域工作组，每个区域经济共同体一个工作组。这些全球及区域工作组将通过对流行病学和实验室管理的投入来重点加强疫病管理的技能和活动。也将会有一个交流团队。这些活动的投入细节参见附件1。

4.2 国家层面的几个关键假设

国家层面的活动可分为以下几个构成成分：

（1）国内小反刍兽疫现状的事前评估。

（2）小反刍兽疫疫苗免疫活动管理。

（3）跟踪疫病的监测包括以下几个方面：（a）主动监测（主要在阶段1实施，阶段2和阶段3根据情况结合实施），包括疫病搜查和调查以及血清学监测。（b）被动监测（主要在阶段4实施）。

（4）监测以验证PVE构成中包含的疫苗免疫成效，包括疫苗免疫后的血清学监控。

每一部分的细节在随后章节中予以提供，并介绍在全球小反刍兽疫过程的不同阶段如何利用这些构成。

为了演练成本，假定一个国家在某个阶段持续了至少3年时间（3～5年范围）。根据PVE结果在相应阶段均有可能发生一些变化，建议的时间范围如下：

- 阶段1——至少12个月，最多3年。
- 阶段2——从阶段2起3年（2～5年）。
- 阶段3——从阶段3起3年（2～5年）。
- 阶段4——从阶段4起24个月，最多3年。

因此，介绍三个不同的成本来反映体现疫苗免疫效力变化的可能范围。"高成本"策略设定为附表5-1中列举的阶段2和阶段3四年疫苗免疫活动。"中等成本"策略设定为阶段3的三年疫苗免疫活动。"低成本"策略设定阶段2和阶段3的三年疫苗免疫活动。

其他设定如下：

- 每天工作小时数：8。
- 每月工作天数：22。
- 每年工作月数：11。

4.2.1 动物种群

小反刍动物种群在15年期保持稳定。假定年龄分布为6月龄以下的（幼畜）为40%，其余6月龄以上的（成年畜）为60%。小反刍动物种群的分布是按照生产系统，基于干旱指标模型，并与联合国粮食及农业组织种群数据保持一致（Lancelot，2014）。

4.2.2 事前评估

每个月给3个工作人员共支付10 000美元的报酬，每个国家平均需支付9个月，这些是固定成本（即与国家大小、动物种群没有关系）。所考虑的每个策略成本相同，与国家大小、动物种群没有关系。

4.2.3 疫苗免疫活动的成本

免疫一头动物的平均成本假定如下：（a）疫苗成本为0.10美元（疫苗和稀释剂），无论是何种生产系统。（b）在作物－养殖混合型系统，每头动物疫苗投送成本为0.60美元。（c）牧区或农牧区每头动物的疫苗投送成本为0.40美元。

其他设定包括：（a）每个疫苗免疫小组有3个人，其中包括1名兽医（每小时7美元）、1名助理（每小时2.81美元）和1名司机（每小时2.81美元）。（b）每个小组的材料、运输和其他费用成本假定为1 000美元。（c）疫苗免疫活动持续了1个月。（d）小组每天能免疫500头动物。

4.2.4 监测

监测细分为两个部分：主动监测和被动监测。

4.2.4.1 主动监测

采样小组的构成和成本类似于疫苗免疫小组。此外，小组每日可以采样500头动物，采样活动持续1个月。

4.2.4.2 被动监测

网络的成本在兽医机构预算中占有很大一部分。因此，该成本不包括在全球小反刍兽疫策略构成成本中，但是应该包括在加强兽医机构建设中。

为小反刍兽疫进行竞争ELISA检测的成本假定为每个样本15美元。

仅组分1（仅指小反刍兽疫）的成本应该包括监测部分的费用，仅指小反刍兽疫，即：

——阶段1主动监测小反刍兽疫（疫病搜索、调查、考察等，包括血清学调查）；

——阶段4调查确定没有小反刍兽疫病毒传播（包括血清学调查）；

——阶段2和阶段3进行主动监测/调查；

——阶段2和阶段3免疫后监测。

4.2.5 暴发调查

一次疫病暴发调查的成本估计平均为1 000美元。

4.3 国家层面的行动构成

4.3.1 事前评估

事前评估在阶段1执行。

4.3.2 疫苗免疫

各阶段的免疫计划见附表5-1。在种植－养殖混合型生产系统里进行两轮免疫。

4.3.3 通过血清学调查进行主动监测

在疫病管理的各个阶段，假定测试动物的血清呈阳性，要进行血清采样调查。该主动监测有若干目的，取决于应用的阶段：（a）通知事前评估，所以国家需要具体的疫苗免疫策略（阶段1）。（b）对有风险种群是否存在病毒进行确认支持（阶段4）。

在阶段1，每个国家每年进行一次血清调查。在阶段2至阶段4，每个阶段进行一次调查。假设每次调查采取6 000个样本。

血清调查也要与其他方法一起实施以支持免疫活动，例如验证疫苗免疫覆盖率水平及效力（免疫后）（阶段2至阶段3），以及用于阶段2至阶段3的免疫后监测。

4.3.4 通过疫病搜索进行主动监测

在阶段1，疫病搜索是所用的主要方法之一，多伴随进行补充性调查。

4.3.5 与被动监测相关的暴发调查

在所有阶段，通过被动监测系统报道进行暴发调查。

被动监测的成本并没有明确包含其中，因为这是全球策略第二层次内容（强化兽医机构）。然而，由于这一被动监测，小反刍兽疫具体暴发调查包含在成本模型中。由于对阶段2和阶段3发生的疫情也要进行适当的疫苗免疫，因此暴发调查也是PVE的一部分。根据危险种群设定疑似暴发的次数，暴发次数会根据小反刍兽疫的管理阶段而发生变化。调查及处理暴发的成本假设为1 000美元。

4.3.6 小反刍兽疫管理四个阶段的构成成分整体实施

小反刍兽疫控制策略的构成可用于不同阶段。事前评估应该在阶段1实施，以确认疫病的存在、维持和潜在入侵。该信息将被用来确认疫苗免疫计划的危险种群，该疫苗免疫计划将于阶段2实施。

假定小反刍兽疫控制计划渐进式方法将持续3年，目标为在前2年对一半的动物进行疫苗免疫，在随后的2年则是目标群体里所有的幼畜。在阶段3，评估75%的成年畜将连续免疫2年，随后对所有幼畜连续免疫2年。正如上文所述，阶段2和阶段3所需的疫苗免疫水平则会根据阶段1的结果（流行病学调查结果）和阶段2（疫苗免疫活动的结果）发生变化。待免疫的动物各自比例则为阶段2的20%～50%以及阶段3的20%～75%。

阶段4假定小反刍兽疫病毒不再循环于动物之中，疫苗免疫计划则将停止。最后阶段包括全国范围的监测（多数为被动监测）以及血清学监测（相应的采样策略）来确定没有疫病。

阶段1的主动监测为主要方法，阶段2、阶段3和阶段4使用的监测系统将检测小反刍动物疫病的暴发。用传统术语，可以表示为以被动监测为主，主动监测为辅。假定小反刍兽疫管理计划旨在根除小反刍兽疫，那么小反刍兽疫暴发的次数将从每50万只动物20次下降到1次。所有这些措施的总结见表4-5-1。

在疫苗免疫成本之内，假设每头动物的运输成本可用于包括：

（1）疫苗投送到动物的实际费用。

（2）根除计划的交流，旨在确保人们了解疫苗将要送达。估计2%～3%的疫苗投送费用将分配到这一环节。

（3）能力建设，尤其是策略管理、监测实施、控制和预防措施等。在国家层面，建议大约5%的疫苗投送费用分配到这一环节。

（4）免疫后成本，约占该免疫计划全球所有成本的1%，其中包括免疫后血清学调查。

表4-5-1　根据疫病控制阶段使用的控制策略[①]

阶段	事前评估	疫苗免疫[②]	监测[③]	疫情
1	3人		事前评估将包括主动监测的一些构成	每50万头动物暴发20次
2		第1～2年：50%成年畜（没有羊羔的绵羊和山羊）第3～4年：100%幼畜（仅对羊羔）[④]第5年：不免疫	6 000份样本，每年每个国家连续采集5年（3 000份绵羊+3 000份山羊）	每50万头动物暴发10次
3		第1～2年：整个种群的75%第3～4年：100%幼畜（仅对羊羔和小羊）[③]第5年：不免疫	6 000份样本，每年每个国家连续采集5年（3 000份绵羊+3 000份山羊）	每50万头动物暴发5次
4		不免疫	6 000份样本，每年每个国家连续采集5年（3 000份绵羊+3 000份山羊）	每50万头动物暴发1次

①直接从阶段1进入阶段3的国家：在连续2年内免疫的所有动物。随后2年针对所有的幼畜进行免疫。

②此处保留的这些数字代表最大的疫苗免疫比例，但是根据流行病学状况以及阶段2疫苗免疫活动的结果，阶段2的20%～50%以及阶段3的20%～75%将能实施。

③此处的血清学调查数字代表最大的数字。根据状况评估结果（通过对计划的持续监测及评估），次数则会降低。这些数字也假定了交流及能力建设这一构成。

④假定在"高成本"策略中实施四年疫苗免疫活动。在"中等成本"策略中，阶段3实施三年疫苗免疫活动。在"低成本"策略中，阶段2和阶段3均要实施三年疫苗免疫活动。

4.4 小反刍兽疫计划的总成本（2015—2030）

前五年的小反刍兽疫计划成本细分为：全球和区域层面的协调成本；国家层面的成本。

假定全球和区域层面的成本即使在国家层面的活动增加时也不会发生变化。因此，本计划全球及区域层面的每五年的成本在整个计划自始至终都一样。

4.4.1 全球及区域层面协调成本

每个五年阶段全球层面的协调成本估计为1 070万美元（表4-5-2），所以15年计划就为3 210万美元。

表4-5-2　全球小反刍兽疫控制策略协调成本估算（5年）

项目	总计（美元）
人力	3 110 000
支持活动	525 000
协调	1 112 000
数据库	1 750 000
流行病学及实验室支持	3 232 000
总共支持	1 000 000
共计	10 729 000

区域协调中心共将设九个，每个确定的区域有一个中心。这些区域中心的成本在前三年估计为4 310万美元（表4-5-3），因此，整个15年的计划为12 945万美元。

表4-5-3　全球小反刍兽疫策略区域协调成本（5年）

项目	总计（美元）
人力	9 900 000
支持活动	3 150 000
协调	650 000
数据库	9 500 000
流行病学及实验室支持	18 950 000
总体支持	1 000 000
共计	43 150 000

4.4.2 国家层面的成本

计划的国家层面的总体成本按照区域划分如表4-5-4所示，具体到高、中及低成本替代方案。图4-5-6显示了整个15年期的每5年成本。这些估算是基于这样的假设——每个国家在2015—2030年期间每个5年期仅努力通过一个阶段（尽管大家认为在现实中这将会根据各个国家的情况而延迟2 ～ 5年）。全球15年期（2015—2030年）的国家层面的成本则为76亿～ 91亿美元。高成本和低成本策略的总差异为16.5%。全球成本的分布主要是由于疫苗免疫，它占所有3类成本策略总成本的95%（表4-5-5，图4-5-7）。最大的成本费用在非洲，占策略总额的40%（表4-5-5，图4-5-8，图4-5-9）。

图4-5-10显示了各时间段的活动成本分布，疫苗免疫成本是本策略6 ～ 10年最大的成本。

表4-5-4 15年控制期中每5年期各个地区成本的总结（所有成本以美元为单位计算）

	区域	高成本	中等成本	低成本	平均比例(%)
1~5年	非洲	1 060 008 186	1 041 313 220	846 086 129	34
	东亚	978 691 613	978 688 774	769 779 232	31
	中东	234 871 764	198 232 647	195 718 042	7
	南亚	595 759 219	595 759 219	474 801 357	19
	欧亚大陆西部	227 655 676	284 555 643	182 146 064	8
	总计	3 096 986 458	3 098 549 504	2 468 530 823	
6~10年	非洲	1 269 122 749	1 164 441 368	1 026 169 826	31
	东亚	1 221 141 411	1 012 231 868	1 012 231 868	29
	中东	56 229 812	53 907 094	44 239 854	1
	南亚	1 037 137 601	1 037 137 601	966 866 139	27
	欧亚大陆西部	435 401 012	435 134 343	353 711 943	11
	总计	4 019 032 586	3 702 852 275	3 403 219 630	

全球控制和根除小反刍兽疫策略

	区域	高成本	中等成本	低成本	平均比例（%）
11～15年	非洲	1 296 038 525	1 099 295 923	1 071 792 683	64
	东亚	4 967 493	4 967 493	4 967 493	0
	中东	58 572 597	48 905 357	48 905 357	3
	南亚	413 589 607	413 589 607	413 589 607	23
	欧亚大陆西部	212 443 970	176 261 275	176 261 275	10
	总计	1 985 612 192	1 743 019 655	1 715 516 415	
区域总计（1～15年）	非洲	3 625 169 460	3 305 050 511	2 944 048 638	39
	东亚	2 204 800 517	1 995 888 136	1 786 978 593	24
	中东	349 674 173	301 045 098	288 863 253	4
	南亚	2 046 486 427	2 046 486 427	1 855 257 103	24
	欧亚大陆西部	875 500 658	895 951 261	712 119 281	10
	总计	9 101 631 236	8 544 421 434	7 587 266 868	34

表4-5-5 小反刍兽疫控制计划中每个地区控制活动的成本总结（所有成本以美元为单位计算）

	区域	高成本	中等成本	低成本	平均比例（%）
事前评估	非洲	6 750 000	6 750 000	6 750 000	68
	东亚	—	—	—	0
	中东	1 080 000	1 080 000	1 080 000	11
	南亚	810 000	810 000	810 000	8
	欧亚大陆西部	1 350 000	1 350 000	1 350 000	14
	总计	9 990 000	9 990 000	9 990 000	
疫苗免疫	非洲	3 478 878 630	3 158 759 681	2 797 757 807	39
	东亚	2 141 348 037	1 932 435 656	1 723 526 113	24
	中东	329 235 992	280 606 917	268 425 072	4
	南亚	1 960 012 336	1 960 012 336	1 768 783 013	24
	欧亚大陆西部	837 363 970	857 814 573	673 982 593	10
	总计	8 746 838 965	8 189 629 163	7 232 474 598	

（续）

	区域	高成本	中等成本	低成本	平均比例(%)
监测	非洲	4 573 830	4 573 830	4 573 830	54
	东亚	1 267 480	1 267 480	1 267 480	15
	中东	1 208 181	1 208 181	1 208 181	14
	南亚	604 091	604 091	604 091	7
	欧亚大陆西部	776 688	776 688	776 688	9
	总计	8 430 271	8 430 271	8 430 271	
暴发	非洲	134 967 000	134 967 000	134 967 000	40
	东亚	62 185 000	62 185 000	62 185 000	18
	中东	18 150 000	18 150 000	18 150 000	5
	南亚	85 060 000	85 060 000	85 060 000	25
	欧亚大陆西部	36 010 000	36 010 000	36 010 000	11
	总计	336 372 000	336 372 000	336 372 000	

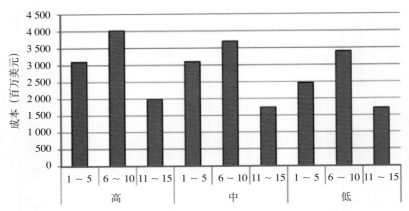

图4-5-6 高、中和低成本策略每个五年期间的成本总计

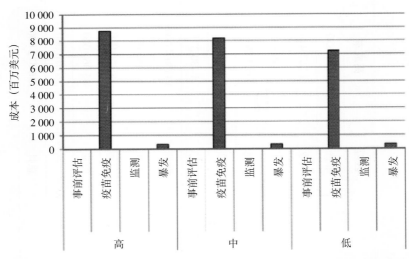

图4-5-7 整个15年期小反刍兽疫控制活动的高、中和低成本策略的全球控制
成本分布（不包含被监测成本）

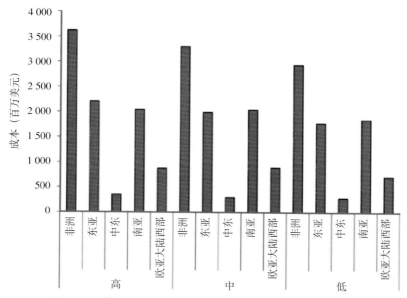

图 4-5-8 整个 15 年期小反刍兽疫全球控制成本的地区分布

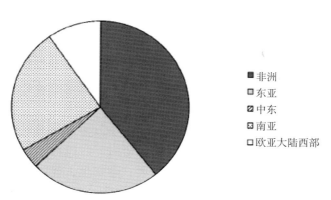

■ 非洲
□ 东亚
▨ 中东
▨ 南亚
□ 欧亚大陆西部

图 4-5-9 15 年期小反刍兽疫控制计划成本的地区分布（高、中和低成本策略平均比例）

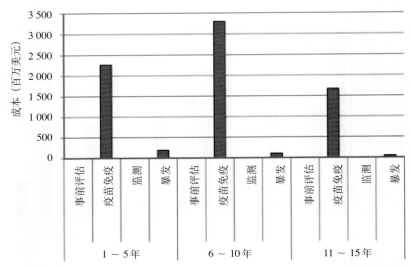

图4-5-10 使用低成本策略的15年期（2015—2030年）控制活动的每5年期成本分布

5 结论和建议

《全球策略》的成本仅为小反刍兽疫具体控制和根除活动估计（《全球策略》第一个组分）。小反刍兽疫控制和根除活动不能被视为"独立"活动，但是加强兽医机构（第二个组分）的投资除了具体国家评估之外需要通过使用PVS差距分析工具予以解决。结合小反刍兽疫控制和根除活动（第三个组分）应对其他疫病的成本并没有被评估，因为估算难度太大。事实上，优先防控疫病清单并不为大众所知，只有通过区域及国家研讨会的讨论予以解决。

另一方面，值得一提的是对于应对小反刍兽疫的支持活动的投资将会惠及兽医机构活动（例如监测系统）以及最终改善所有目标国家的动物健康。最后，加强兽医机构以及将控制小反刍兽疫和其他优先防控疫病结合起来，将会产生互惠的衍生利益。

全球小反刍兽疫策略的估算成本，关于具体的小反刍兽疫控制和根除活动（本策略第一个组分），15年期则为76亿～91亿美元。成本范围与疫苗免疫活动的效力相关，较低的成本与阶段2和阶段3的三年疫苗免疫计划相关，阶段2和阶段3的有效性通过免疫后监控予以证实。高疫苗免疫覆盖率已经被考虑在内，尽管根据事前评估，预期免疫覆盖率较低，但这些数字有可能会超过估值，反映出较差的情形。

这些费用需要换算成提议措施保护的动物的数量——接近10亿只绵羊和10亿只山羊。粗略估计，每只羊每年的平均成本为0.27～0.32美元。

相对小反刍兽疫每年的全球影响评估，全球策略的估计成本较小。据估计，由于小反刍兽疫，每年的生产损失和动物死亡导致的损失为12亿～17亿美元。小反刍兽疫疫苗免疫的预计支出为2.7亿～3.8亿美元。因此，目前仅小反刍兽疫每年造成的损失为14.5亿～21亿美元（图4-5-11）。

约1/3的影响发生在非洲，另外1/4发生在南亚。这一巨大影响可以通过成功根除小反刍兽疫来消除，也就是说控制和根除计划的最初5年成本预计为14亿美元（非折扣成本），相当于每年约为2.8亿美元，看起来似乎不多。小反刍兽疫的影响降低18%则会证明每年的支出是合理的，应该意识到策略旨在根除小反刍兽疫，也就是说策略影响将会持续惠及全球社会——这是对动物健康难得的长久利益之一。从经济评估来看，有证据表明相对于继续使用未经协调的控制措施，根除计划最终会带来经济效益。

考虑到小反刍兽疫的重要性以及已知技术的可用性，强烈建议资助和启动《全球控制和根除小反刍兽疫策略》。最终成本有可能不同于本报告中的估算，但的确表明小反刍兽疫的成功控制和最

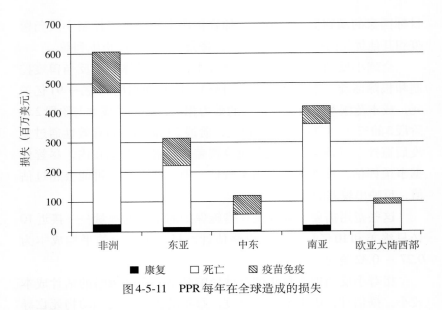

图 4-5-11　PPR 每年在全球造成的损失

终根除将会带来经济效益，并将惠及全世界各地人民的生活。

6　附件——全球小反刍动物策略区域及全球层面成本

6.1　全球层面的成本

6.1.1　人员

　　——0.5 个 P5 级别的全球跨境动物疫病防控框架（GF-TADs）工作组流行病学网络员工。

　　——0.5 个 P5 级别的实验室网络工作组员工。

　　——0.5 个 P5 级别的秘书处员工。

　　1.5 人 × 1.9 万美元/（月·人）× 12 个月 × 5（年）=171 万美元

——0.5个P4级别的GF-TADs工作组流行病学网络员工。

——0.5个P4级别的实验室网络工作组员工。

——0.5个P4级别的秘书处员工。

1.5人×1.5万美元/（月·人）×12个月×5（年）=135万美元

——一名通讯专家每年一个月。

1人×1万美元/（月·人）×1个月×5（年）=5万美元

6.1.2 区域和国家支持任务

——区域和国家具体的支持任务，例如兽医机构支持任务。

1人×（1 500美元+400美元/天×5天）×10次/（人·年）×5年=17.5万美元

——支持区域组织的执委会（SC）和渐进控制途径（PCP）会议，例如会议和交流的硬拷贝材料。

7个地区×1万美元×5年=35万美元

6.1.3 GF-TADs全球协调

——日常会议。

10人（工作组员工和其他临时专家）×（600美元+400美元/天×2天）×6次/（人·年）×5年=42万美元

——参与区域SC会议。

2人×（1 500美元+400美元/天×2天）×5次/（人·年）×5年=11.5万美元

——参与区域PCP会议。

4人×（1 500美元+400美元/天×3天）×6次/（人·年）×5年=32.4万美元

——参与研讨会及会议。

2人×（1 500美元+400美元/天×2天）×3次/（人·年）×

5年＝6.9万美元

  ——支持专家组参与会议。

  2人×（1 500美元+400美元/天×2天）×3次/（人·年）×5年＝6.9万美元

  ——支持专家组参与工作组日常会议。

  5人×（1 500美元+400美元/天×2天）×2次/（人·年）×5年＝11.5万美元

6.1.4 全球实验室网络和流行病学

  ——区域和参考实验室培训。

  30万美元/年×5年＝150万美元

  ——支持比对试验和实验室分析。

  30万美元/年×5年＝150万美元

  ——流行病学协调会议。

  2人×（3 000美元+400美元/天×7天）×4次/（人·年）×5年＝23.2万美元

6.1.5 国际会议

  ——全球专家参与的国际会议及所有参与国资助地点。

  估计每个地区100万美元，每5年举行一次。

6.2 区域层面的成本

6.2.1 人员

  ——每个区域有一位P4级区域流行病学家，共9人。均来自GF-TADs区域支持单位（RSU）或区域动物健康中心（RAHC）或区域组织。

  9人×15万美元/（人·年）×5年＝675万美元

——区域牵头和参考实验室7大组的9位区域实验室专家。

9人×6万美元/（人·年）×5年=270万美元

——每个区域每年有一位通讯专家工作1个月。

9人×1万美元/月×1个月/年×5年=45万美元

6.2.2 专家支持任务

——9名区域流行病学专家对各国的支持任务。

1 500美元的差旅费和400美元的每日生活津贴（DSA）[1]，合计：9人×（1 500美元+400美元/天×5天）×10次/年×5年=157.5万美元

——9名实验室专家对国家实验室的支持任务。

9人×（1 500美元+400美元/天×5天）×10次/年×5年=157.5万美元

6.2.3 区域协调

——区域执委会（SC）会议。

20人×（1 500美元+400美元/天×2天）×1次×5（年）=23万美元

——区域渐进控制（PCP）会议。

20人×（3 000美元+400美元/天×3天）×1次×5（年）=42美元

6.2.4 区域实验室网络

——区域参考实验室培训，5年共计9次，每次花费35万美元，

———————————

1　差旅成本假定为区域内600美元，跨区域为3 000美元，其他为1 500美元。每日生活津贴（DSA）假定为每天400美元。

9个未来区域实验室5年内举办2次，每次花费25万美元。

(9个参考实验室×35万美元) + (9个区域实验室×25万美元×2) =765万美元

——移液器和标尺的校准培训（属于质量控制）。

(9个参考实验室+9个区域实验室) ×1.6万美元×5年=144万美元

——9个参考实验室+9个未来区域实验室检测试剂盒（PCR、ELISA和VI）。

(9个参考实验室+9个区域实验室) ×10万美元×5年=900万美元

6.2.5 区域流行病学网络

——协调会议。

20人× （1 500美元+400美元/天×7天） ×2次×5年=86万美元

6.2.6 疫苗测试质量控制中心（亚洲、非洲和欧亚大陆）

——3个中心×20万美元×5年=300万美元

6.2.7 流行病学和实验室数据库

——数据库创建成本50万美元以及每个区域每年的维护费用20万美元。

50万美元+ （20万美元/年×9个区域×5年） =950万美元

图书在版编目（CIP）数据

全球控制和根除小反刍兽疫策略：全2册 ／ 联合国粮食及农业组织，世界动物卫生组织编著；徐天刚，刘陆世译．—北京：中国农业出版社，2019.12
　　ISBN 978-7-109-24860-1

Ⅰ．①全… Ⅱ．①联…②世…③徐…④刘… Ⅲ．①反刍动物-动物疾病-防治 Ⅳ．①S858

中国版本图书馆CIP数据核字（2018）第259996号

著作权合同登记号：图字01-2018-8277号

QUANQIU KONGZHI HE GENCHU XIAOFANCHU
SHOUYI CELÜE

中国农业出版社出版
地址：北京市朝阳区麦子店街18号楼
邮编：100125
责任编辑：郑　君　　文字编辑：陈睿赜
责任校对：沙凯霖
印刷：中农印务有限公司
版次：2019年12月第1版
印次：2019年12月北京第1次印刷
发行：新华书店北京发行所
开本：880mm×1230mm　1/32
总印张：9.5
总字数：300千字
总定价：128.00元